westermann

Klaus Drotziger, Rudolf Mack, Klaus Schmid

Metalltechnik
Technische Mathematik

Grundbildung

Arbeitsheft

14. Auflage

Bestellnummer 55128

Bildnachweis: Di Gaspare, Michele (Bild und Technik Agentur für technische Grafik und Visualisierung): Titel

Die Seiten dieses Arbeitshefts bestehen zu 100 % aus Altpapier.

Damit tragen wir dazu bei, dass Wald geschützt wird, Ressourcen geschont werden und der Einsatz von Chemikalien reduziert wird. Die Produktion eines Klassensatzes unserer Arbeitshefte aus reinem Altpapier spart durchschnittlich 12 Kilogramm Holz und 178 Liter Wasser, sie vermeidet 7 Kilogramm Abfall und reduziert den Ausstoß von Kohlendioxid im Vergleich zu einem Klassensatz aus Frischfaserpapier. Unser Recyclingpapier ist nach den Richtlinien des Blauen Engels zertifiziert.

Druck und Bindung: Westermann Druck GmbH, Georg-Westermann-Allee 66, 38104 Braunschweig

ISBN 978-3-427-**55128**-7

Vorwort

Die vorliegende Sammlung von Aufgaben umfasst die Grundlagen der technischen Mathematik in der Metalltechnik. Die Aufgaben sollen zur Unterstützung von Lehrenden und Lernenden dienen. Die Aufgabensammlung kann sowohl zur Wissensvermittlung als auch zur Übung und Vertiefung bereits vorhandener Kompetenzen angewendet werden.

Die Aufgaben sind in sich logisch, mit steigendem Schwierigkeitsgrad, gegliedert und in zwei Hauptschwerpunkte geteilt.

Der erste Schwerpunkt liegt auf der Vermittlung und Einübung von einzelnen Themenblöcken, welche separat behandelt werden.

Zu Beginn werden die elementaren mathematischen Grundlagen, wie beispielsweise Formelumstellung oder der Lehrsatz des Pythagoras behandelt.

Aufbauend folgen Themen rund um die goldene Regel der Mechanik, wie Drehmomentberechnung oder schiefe Ebene.

Von der statischen Mechanik wechseln die Aufgaben in die Bewegungslehre und greifen Gebiete wie Umfangsgeschwindigkeit oder Weg-Schritt-Diagramm auf.

Der abschließende Block widmet sich den Grundlagen der Elektrotechnik in Bezug auf deren Berechnung. Hier sind beispielhaft Ohm'sches Gesetz sowie die Berechnung der elektrischen Leistung anzuführen.

Der zweite Teil dieser Aufgabensammlung umfasst eine Sammlung von praxisbezogenen Fertigungsaufgaben. Hier liegt der Schwerpunkt auf der Festigung der erlernten Kompetenzen. Jede einzelne Aufgabe kann in sich geschlossen bearbeitet werden. Sie umfasst Fragestellungen zu unterschiedlichen Themen aus den Themenblöcken der Grundlagen im vorangestellten Teil dieser Aufgabensammlung.

Die angegebenen Lösungen der Aufgabensammlung sollen für jeden Ausbildenden und jede Lehrkraft nur als Lösungsvorschlag verstanden werden. Selbstredend kann eine abweichende - dennoch fachlich korrekte und vollständige richtige - Lösung auch zur Aufgabenlösung führen. Hier vertrauen wir auf die Expertise der Lehrenden.

Das Autorenteam und der Verlag sind für kritische Hinweise und Verbesserungsvorschläge zum Titel an service@westermann.de dankbar.

Frühjahr 2024 — Die Autoren

Inhaltsverzeichnis

Praxisorientierte Fertigungsaufgabe

Formelzeichen und Maßeinheiten

Bedeutung (Größe)	Formelzeichen	Einheit
Länge, Fläche, Raum		
Länge	*l*	µm mm cm dm **m** km
Weglänge	*s*	
Breite	*b*	
Höhe	*h*	
Radius	*r*, *R*	
Durchmesser	*d*, *D*	
Fläche	*A*	mm^2 cm^2 dm^2 $\mathbf{m^2}$
Querschnitt	*S*	mm^2 cm^2
Rauminhalt, Volumen	*V*	mm^3 cm^3 dm^3 $\mathbf{m^3}$
Zeit- und zeitabhängige Größen		
Zeit	*t*	**s** min h
Umdrehungsfrequenz, Drehzahl	*n*	$\mathbf{\frac{1}{s}}$ $\frac{1}{min}$ od. min^{-1}
Geschwindigkeit	*v*	$\mathbf{\frac{m}{s}}$ $\frac{m}{min}$ $\frac{km}{h}$
Beschleunigung	*a*	$\mathbf{\frac{m}{s^2}}$
Fallbeschleunigung	*g*	$\mathbf{\frac{m}{s^2}}$
Mechanik		
Masse	*m*	mg g **kg** t
Dichte	*ϱ* (Rho)	$\frac{g}{cm^3}$ $\frac{g}{dm^3}$ $\mathbf{\frac{kg}{m^3}}$
Kraft	*F*	**N** (Newton) kN MN
Gewichtskraft	F_G	$1\ N = \frac{1\ kgm}{s^2}$
Drehmoment, Kraftmoment	*M*	**Nm** kNm MNm
Druck, mechanische Spannung	*p*	**Pa** (Pascal) $1\ Pa = \frac{1\ N}{m^2}$
		$1\ Pa = 10^{-5}\ bar$
		Bar $1\ bar = 10^5\ Pa$ $1\ bar = \frac{10\ N}{cm^2}$
Zug- oder Druckspannung	*σ* (Sigma)	$\frac{N}{mm^2}$ $\frac{N}{cm^2}$
Schub- oder Scherspannung	*τ* (Tau)	$\frac{N}{mm^2}$ $\frac{N}{cm^2}$

Name	Klasse	Datum	Arbeit

Bedeutung (Größe)	Formelzeichen	Einheit
Reibungszahl	μ (Mü)	
Arbeit	W	**J** (Joule) kJ MJ, Nm kNm, Ws Wh kWh
Leistung	P	mW **W** kW $1\ W = 1\frac{J}{s} = 1\frac{Nm}{s}$
Wirkungsgrad	η (Eta)	

Wärme

Kelvin-Temperatur	T	**K** 0 K = −273,15 °C
Celsius-Temperatur	t; ϑ (Theta)	°C 0 °C = 273,15 K
Temperaturunterschied	$\Delta T, \Delta t$ (Delta) $\Delta\vartheta$ (Delta Theta)	K °C
Längenausdehnungszahl	α (Alpha)	$\frac{m}{m \cdot K} = \frac{1}{K}$ oder $\frac{m}{m \cdot °C} = \frac{1}{°C}$
Raumausdehnungszahl	γ (Gamma)	$\frac{m^3}{m^3 \cdot K} = \frac{1}{K}$
Wärmemenge	Q	**J** kJ MJ
Spezifische Wärmekapazität	c	$\frac{J}{kg \cdot K\ (°C)}$ $\frac{kJ}{kg \cdot K\ (°C)}$

Elektrizität

Spannung	U	mV **V** kV mV
Stromstärke	I	mA **A** kA
Widerstand (Wirkwiderstand)	R	mΩ Ω kΩ MΩ
Leistung (Wirkleistung)	P	mW **W** kW
Arbeit	W	Ws Wh **kWh**
Elektrizitätsmenge Ladung	Q	C (Coulomb), As 1 C = 1 As 3600 As = 1 Ah

Vorsätze für dezimale Teile und Vielfache von Einheiten

Vorsatz	Vorsatzzeichen	Faktor, mit dem die Einheit multipliziert wird	
Mikro	μ	10^{-6}	0,000001
Milli	m	10^{-3}	0,001
Zenti	c	10^{-2}	0,01
Dezi	d	10^{-1}	0,1
Deka	da	10^{1}	10
Hekto	h	10^{2}	100
Kilo	k	10^{3}	1000
Mega	M	10^{6}	1000000

Punkt- und Strichrechnung

Die Addition und die Subtraktion bezeichnet man als Strichrechnung, die Multiplikation und die Division als Punktrechnung.

Punktrechnung kommt vor Strichrechnung.
Rechnen Sie stets zuerst die höhere Rechnungsart!

1. Aufgabe: Welche Masse in kg haben die Stahlteile? Ansatz als Punkt- und Strichrechnung!

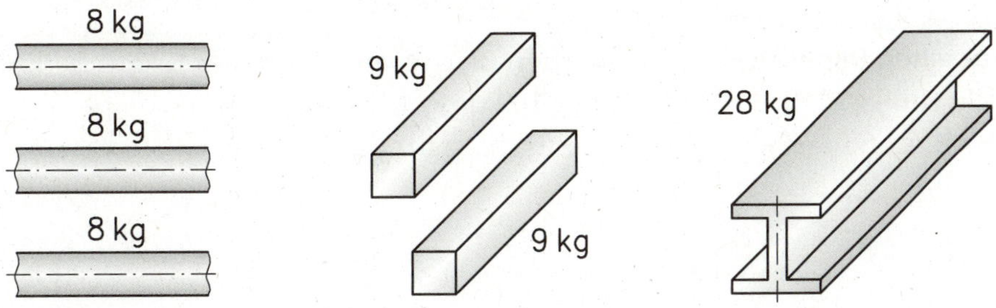

2. Aufgabe:

a) $8 + 6 \cdot 4 =$

b) $28 + 3 \cdot 4 + 5 =$

c) $32 \cdot 2 + 8 - 12 =$

d) $17 + 3 \cdot 6 - 24 + 2 \cdot 8 =$

e) $120 - 4 \cdot 12 : 6 + 16 + 2{,}5 \cdot 8 =$

f) $48 + 16 : 2 - 16 + 4 \cdot 3{,}5 + 46 - 120 : 4 =$

g) $8{,}4 : 2 + 15{,}8 + 84 - 36 : 9 - 4\,{}^{2}/_{5} \cdot 4 =$

h) $\dfrac{17 + 7 \cdot 9}{52 - 4 \cdot 8} =$

i) $\dfrac{-210}{6} =$ $\qquad \dfrac{-112}{14} + \dfrac{32}{-8} =$ $\qquad \dfrac{120}{24} - \dfrac{-96}{32} =$

Name	Klasse	Datum	Arbeit

Bildnachweis: Di Gaspare, Michele (Bild und Technik Agentur für technische Grafik und Visualisierung)

Ansätze als Punkt- und Strichrechnung

3. Aufgabe: Ein Auszubildender schneidet mit der Hebelschere Werkstücke aus Bandstahl mit folgenden Längen zu:
8 Stück je 240 mm, 12 Stück je 420 mm, 25 Stück je 165 mm, 1 Stück 915 mm.
Wie viel m Bandstahl werden gebraucht?

4. Aufgabe: Für einen Reparaturauftrag werden Bleche verschiedener Größe benötigt: 2 Teile von je 18 dm^2, 3 Teile von je 24 dm^2, 4 Teile von je 142 dm^2, 1 Teil mit 76 dm^2.
Wie groß ist der Blechbedarf in m^2 bei 15 % Zuschlag für Verschnitt?

5. Aufgabe: Ein Rundstahl von 60 mm Durchmesser wird auf der Drehmaschine auf einer Länge von 180 mm überdreht.
3 Schnitte je 4,5 mm Schnitttiefe, 2 Schnitte je 3 mm Schnitttiefe, 1 Schnitt 0,2 mm Schnitttiefe.
Welchen Durchmesser hat die Welle noch?

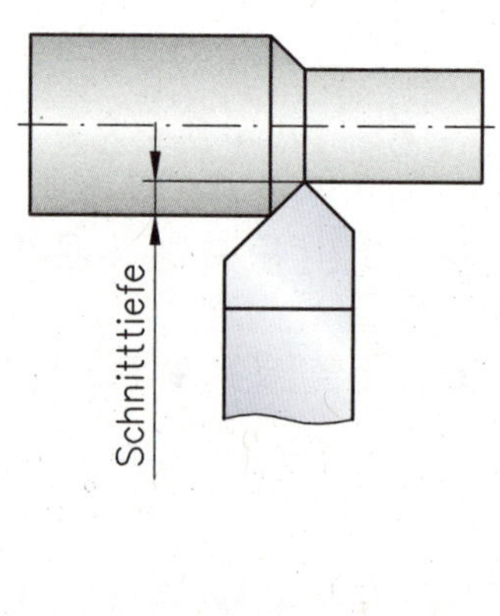

6. Aufgabe: Der Flachstahl ist mit Bohrungen zu versehen, die folgende Abstände haben sollen:
4 Bohrungen je 15 mm,
3 Bohrungen je 24 mm,
7 Bohrungen je 18 mm.
Auf welche Länge ist der Flachstahl abzuschneiden?

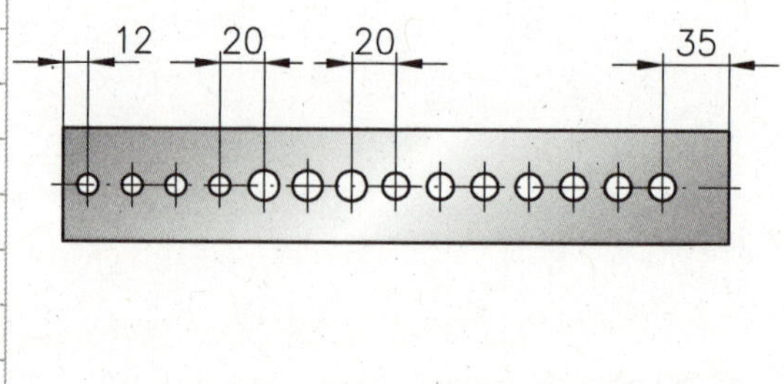

Bildnachweis: Di Gaspare, Michele (Bild und Technik Agentur für technische Grafik und Visualisierung)

Klammerrechnung

Die Klammer in einer Rechenaufgabe kennzeichnet zusammengehörige Werte. Innerhalb und außerhalb der Klammer gilt immer die Grundregel „Punktrechnung vor Strichrechnung"!

Wert in der Klammer zuerst ausrechnen!

1. Aufgabe: Zum Zusammenbau einer Maschine braucht man Wellen von verschiedener Länge.

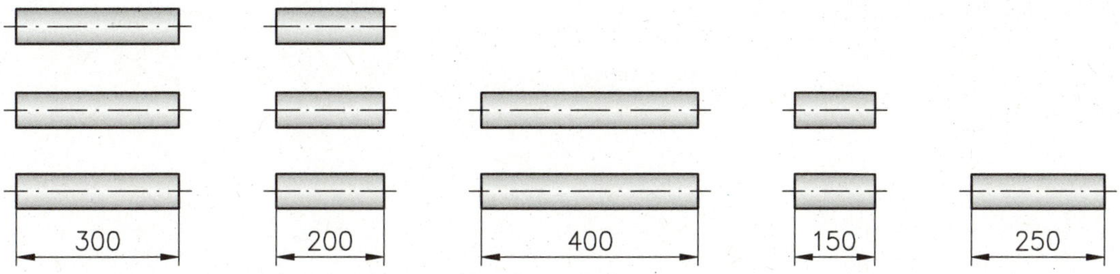

Wie viel m Rundstahl werden benötigt? Längen gleicher Stückzahl in Klammern setzen.

2. Aufgabe:

a) $4 \cdot 15 + 3 =$

b) $4 \cdot (15 + 3) =$

c) $(26 - 18) \cdot (8 + 4) + 24 =$

d) $2 \cdot (24 + 4) : 7 =$

e) $(36 : 12 + 4) \cdot 9 =$

f) $(72 - 8 \cdot 3) \cdot (24 : 6 - 2) + 3 \cdot 7 =$

g) $34 + 3 \cdot 6 - 2 \cdot (7 + 2 \cdot 4) + (47 - 14 + 72 : 8) \cdot 1{,}5$

h) $\dfrac{127 - (50 + 4 \cdot 8)}{(3 \cdot 12 - 9 : 1{,}5) : 2} =$

i) $(3a + 4b) \cdot 5 =$ $\quad -c(x - 1) =$

$(18x - 6y) : 6 =$ $\quad (12a + 32ab) : 4a =$

Name	Klasse	Datum	Arbeit

3. Aufgabe: Auf der Kreissägemaschine werden Rundstähle gleichen Durchmessers abgeschnitten,
8 Rohlinge mit 170 mm Länge, 8 Rohlinge mit 280 mm Länge,
3 Rohlinge mit 80 mm Länge, 3 Rohlinge mit 150 mm Länge,
5 Rohlinge mit 140 mm Länge, 5 Rohlinge mit 70 mm Länge, 5 je 200 mm,
2 Rohlinge mit 420 mm Länge,
1 Rohling mit 250 mm Länge.
Rechnen Sie die abgeschnittene Rundstahlmenge in m aus. (Gemeinsame Faktoren ausklammern)

4. Aufgabe: Von einem Rohr von 4,5 m Länge werden 2 Stücke mit 380 mm, 2 Stücke mit 460 mm und 1 Stück mit 850 mm Länge abgesägt. Der Schnitt ist 1,2 mm breit.
Wie viel m Rohr bleiben übrig?

5. Aufgabe: Wie groß ist das Maß x?

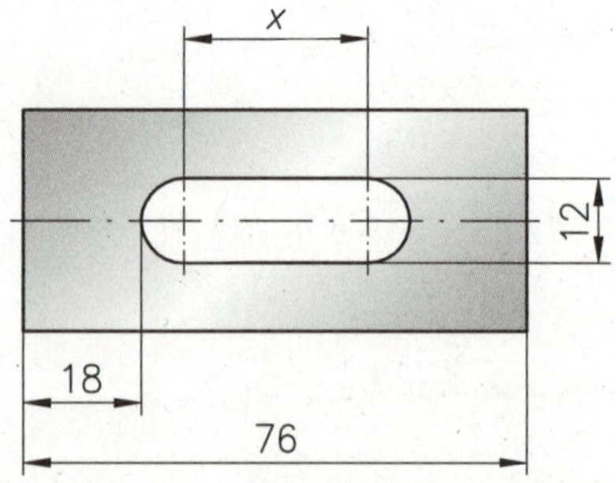

Bildnachweis: Di Gaspare, Michele (Bild und Technik Agentur für technische Grafik und Visualisierung)

Bruchrechnen

Erweitern heißt:

Zähler und Nenner mit der gleichen Zahl vervielfachen.

Kürzen heißt:

Zähler und Nenner durch die gleiche Zahl teilen.

Beim Erweitern und Kürzen bleibt der Wert eines Bruches gleich.

1. Aufgabe: Erweitern Sie mit 5.

a) $\frac{1}{2} =$

b) $\frac{2}{3} =$

c) $\frac{5}{8} =$

d) $1\frac{3}{4} =$

2. Aufgabe: Kürzen Sie.

a) $\frac{4}{8} =$

b) $\frac{6}{18} =$

c) $\frac{4 \cdot 45}{15} =$

d) $\frac{5 \cdot 12 \cdot 224}{8 \cdot 3 \cdot 35 \cdot 2} =$

Umrechnen von Brüchen

3. Aufgabe:
Rechnen Sie Bruch in Dezimalzahl um.

a) $\frac{2}{5} =$

b) $\frac{7}{8} =$

c) $\frac{22}{7} =$

d) $2\frac{1}{3} =$

4. Aufgabe:
Rechnen Sie Dezimalzahl in Bruch um.

a) 0,2 =

b) 0,125 =

c) 1,4 =

d) 2,375 =

Zusammenzählen und Abziehen von Brüchen

Brüche mit verschiedenen Nennern werden vor dem Zusammenzählen und Abziehen auf einen Hauptnenner gebracht.

5. Aufgabe:

a) $\frac{1}{2} + \frac{1}{3} =$

b) $1\frac{2}{3} + 3\frac{4}{7} - 2\frac{5}{6} =$

c) $\frac{6}{5} + \frac{3}{8} - \frac{1}{4} =$

d) $8\frac{5}{6} + 3\frac{1}{2} - 5{,}2 =$

Name	Klasse	Datum	Arbeit

Vervielfachen von Brüchen

Zähler mal Zähler, Nenner mal Nenner.

Teilen von Brüchen

Ersten Bruch mit dem Kehrwert des zweiten Bruches malnehmen.

6. Aufgabe:

a) $\frac{3}{5} \cdot \frac{1}{4} =$

b) $\frac{3}{5} : \frac{1}{4} =$

c) $\frac{1}{2} \cdot \frac{2}{3} \cdot \frac{4}{5} =$

d) $\frac{4}{7} : 8 =$

e) $\frac{4}{9} \cdot 7 =$

f) $4\frac{5}{6} : 1\frac{1}{8} =$

g) $3\frac{5}{6} \cdot 1\frac{1}{2} =$

h) $\dfrac{8\frac{4}{5}}{2\frac{3}{4}} =$

7. Aufgabe:

a) $3\frac{3}{8} \cdot \frac{2}{3} : 1\frac{1}{4} - \frac{2}{5} =$

b) $\left(\frac{2}{3} - \frac{1}{4}\right) : \left(\frac{2}{15} \cdot \frac{3}{7}\right) - 4\frac{1}{6} =$

c) $1\frac{3}{4} : 3{,}5 + \frac{1}{6} =$

d) $\left(3{,}2 + 1\frac{5}{6} - \frac{2}{5}\right) : 0{,}2 =$

Dreisatzrechnung

Bei der Dreisatzrechnung schließt man von einer gegebenen Mehrheit auf die Einheit und dann auf eine neue Mehrheit. Dies geschieht in drei Sätzen. Dabei steht der gesuchte Wert am Ende des ersten Satzes. Bei allen Aufgaben ist jedoch zu überlegen, um welche Verhältnisart es sich handelt.

Verhältnisart

je mehr – desto mehr oder je weniger – desto weniger	je mehr – desto weniger oder je weniger – desto mehr
gleiches Verhältnis	**ungleiches Verhältnis**

Beispiel A

80 kg Schrott kosten 36,– €.
Wie viel kosten 150 kg?

1. Satz
Gegeben: 80 kg kosten 26 €

2. Satz
Einheit: 1 kg kostet $\frac{36}{80}$ €

3. Satz
Mehrheit: 150 kg kosten $\frac{36}{80} \cdot 150$ € = **67,50 €**

Beispiel B

3 Arbeiter brauchen für eine Reparatur 24 h.
Wie viel Zeit dürfen 5 Arbeiter hierfür benötigen?

1. Satz
Gegeben: 3 Arbeiter brauchen 24 h

2. Satz
Einheit: 1 Arbeiter braucht $24 \cdot 3$ h

3. Satz
Mehrheit: 5 Arbeiter brauchen $\frac{24 \cdot 3}{5}$ = **14,4 h**

1. Aufgabe: 16 Stahlbügel wiegen 65 kg. Welches Gewicht haben 25 Bügel?

2. Aufgabe: 9 kg Lot enthalten 5,4 kg Zinn. Wie viel Zinn ist in 4 kg des gleichen Lotes enthalten?

3. Aufgabe: Der Tisch einer Hobelmaschine benötigt bei einer Geschwindigkeit von 8 m/min 26 Sekunden für einen Hub. Wie lange dauert ein Hub bei einer Geschwindigkeit von 20 m/min?

Name	Klasse	Datum	Arbeit

4. Aufgabe: Drei Maschinen verbrauchen in 7 h 4,5 ℓ Schmieröl.
Wie lange reichen 12 ℓ für 5 Maschinen?

5. Aufgabe: Für die Montage von 14 Geräten benötigen 3 Arbeiter 6,5 h.
Wie viele Geräte könnten 7 Arbeiter in 5 h montieren?

6. Aufgabe: 6 Arbeiter montieren 21 Getriebe in 270 h.
Wie viele Stunden benötigen 5 Arbeiter für 16 Getriebe?

7. Aufgabe: Ein Treibstoffvorrat von 180 ℓ reicht für einen 4-stündigen Betrieb von 3 Notstromaggregaten.
Wie lange könnten 5 Aggregate mit einem Treibstoffvorrat von 250 ℓ betrieben werden?

8. Aufgabe: Eine Pumpe mit einer Leistung von 3 kW fördert in 5 h 300 m^3 Wasser auf eine Höhe von 10 m.
Welche Wassermenge könnte von einer Pumpe mit 4 kW Leistung in 2 h auf eine Höhe von 13 m gefördert werden?

Potenzieren

Ein Produkt aus gleichen Faktoren lässt sich kürzer in Potenzform darstellen.

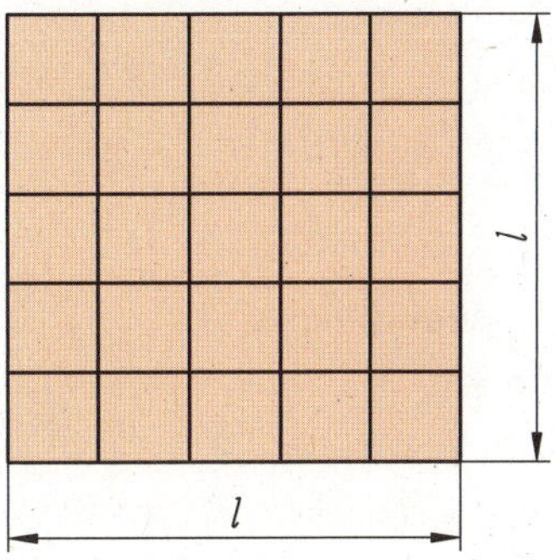

$5 \cdot 5 = 5^2 = 25$

Exponent

Basis — $\mathbf{5^2 = 25}$

Potenz — Potenzwert

Der Exponent gibt an, wie oft die Basis als Faktor gesetzt werden muss.

$l \cdot l = l^2$

$\frac{1}{5^2} = 5^{-2}$

$\frac{1}{l^2} = l^{-2}$

Den Kehrwert einer Potenz kann man als Potenz mit negativen Exponenten schreiben.

Als **Quadrieren** bezeichnet man eine Multiplikation von 2 gleichen Faktoren (Exponent 2).

1. Aufgabe: Berechnen Sie:

a) $8^2 =$

b) $11^2 =$

c) $0{,}2^2 =$

d) $1{,}5^2 =$

e) $2^3 =$

f) $10^5 =$

g) $\left(\frac{1}{3}\right)^2 =$

h) $\left(2\frac{1}{4}\right)^2 =$

i) $\frac{2^2}{3} =$

k) $\frac{4}{5^2} =$

l) $8\,dm \cdot 1{,}5\,dm =$

m) $(25\,cm)^2 =$

n) $\left(\frac{d}{2}\right)^2 =$

o) $\frac{d}{2^3} =$

2. Aufgabe: Schreiben Sie als Potenz mit negativen Exponenten.

a) $\frac{1}{10} =$

b) $\frac{1}{100} =$

c) $\frac{1}{1\,000} =$

d) $\frac{2{,}7}{100} =$

e) $\frac{1}{x} =$

f) $\frac{1}{min} =$

g) $\frac{1}{n^2} =$

h) $\frac{m}{s^2} =$

Schreiben Sie in Bruchform.

i) $4^{-2} =$

k) $12^{-2} =$

l) $3 \cdot 10^{-4} =$

m) $a^{-5} =$

3. Aufgabe: Berechnen Sie die Innenfläche A des Stahlrahmens in dm^2.

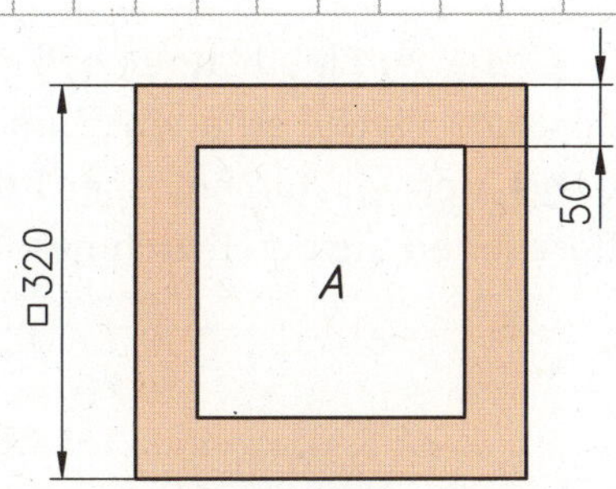

Name	Klasse	Datum	Arbeit

Wurzelziehen (Radizieren)

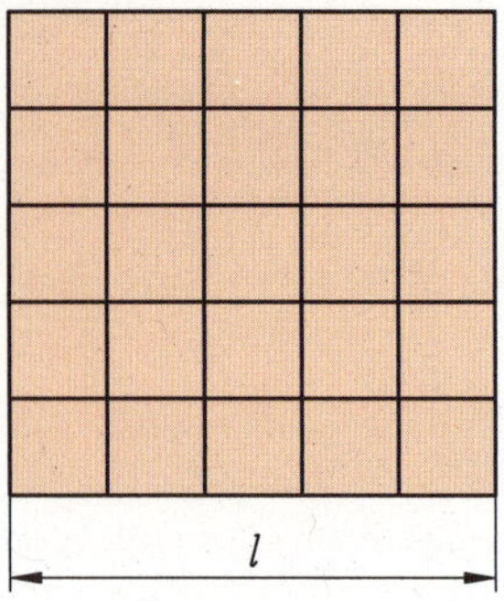

$\sqrt{25} = 5$

$\sqrt{l^2} = l$

Wurzelexponent

z. B. $\sqrt[3]{8} = 2$

Radikand Wurzelwert

Der Wurzelexponent gibt an, in wie viel gleiche Faktoren der Radikand zu zerlegen ist.

$\sqrt[3]{8} = \sqrt[3]{2 \cdot 2 \cdot 2} = 2$

Beim **Quadratwurzelziehen** ist die Zahl zu suchen, die mit sich selbst malgenommen den Wert unter dem Wurzelzeichen ergibt. Der Wurzelexponent 2 wird dabei weggelassen.

1. Aufgabe: Berechnen Sie:

a) $\sqrt{9} =$ b) $\sqrt[3]{27} =$ c) $\sqrt{r^2} =$

d) $\sqrt{49} =$ e) $\sqrt[4]{16} =$ f) $\sqrt{d^2} =$

g) $\sqrt{2\,500} =$ h) $\sqrt[3]{b^3} =$ i) $\sqrt{4a^2} =$

k) $\sqrt{0{,}04} =$ l) $\sqrt[3]{a^6} =$ m) $\sqrt{a^4} =$

2. Aufgabe: Berechnen Sie:

a) $\sqrt{\frac{1}{4}} =$ b) $\sqrt{\frac{a^2}{b^2}} =$ c) $\sqrt{2\frac{1}{4}} =$

d) $\sqrt{\frac{25}{49}} =$ e) $\sqrt{\frac{d^2}{4}} =$ f) $\frac{\sqrt{9}}{4} =$

g) $\sqrt{\frac{16}{144}} =$ h) $\sqrt{\frac{25}{a^2}} =$ i) $\frac{36}{\sqrt{x^2}} =$

3. Aufgabe: Rechnen Sie mit Tabelle.

a) $\sqrt{2} =$ b) $\sqrt{230} =$ c) $\sqrt{15\,625} =$

d) $\sqrt{18} =$ e) $\sqrt{2116} =$ f) $\sqrt{4{,}5} =$

4. Aufgabe: Eine Matrize soll einen quadratischen Durchbruch von 784 mm² Fläche erhalten. Zum Ausarbeiten wird ein Loch vorgebohrt, dessen Durchmesser 1 mm kleiner ist als die Durchbruchseite. Berechnen Sie den Durchmesser d des Bohrers.

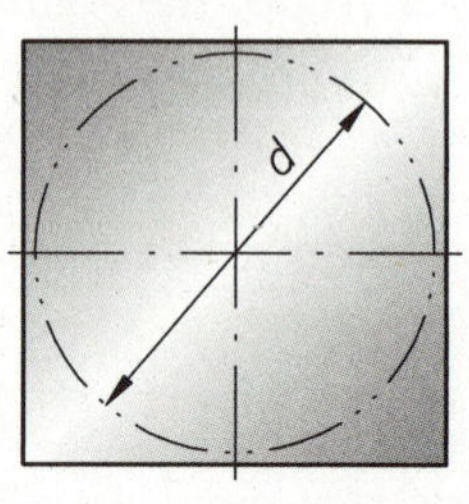

Gleichungen I

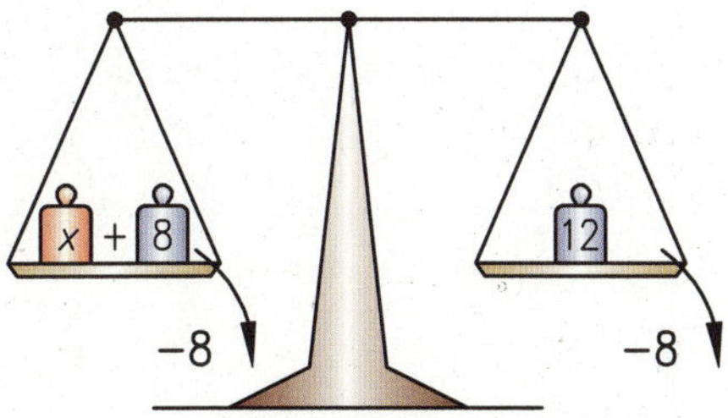

$x + 8 - 8 = 12 - 8$

$x = 12 - 8$

$\underline{\underline{\mathbf{x = 4}}}$

Eine Gleichung kann mit einer Balkenwaage verglichen werden.
Die Waage bleibt im Gleichgewicht, wenn die Inhalte der rechten und der linken Waagschale um die gleiche Menge vergrößert oder vermindert werden.
Die Waage bleibt im Gleichgewicht, wenn man die Waagschalen vertauscht.
Zur Berechnung des unbekannten Gliedes einer Gleichung formt man die Gleichung so um, dass das unbekannte Glied links vom Gleichheitszeichen steht.

Grundregel

aus + wird –
aus – wird +

1. Aufgabe: Berechnen Sie die Größe *x*.

a) $x + 8 = 32$

c) $x - 24 = 6$

e) $x + a = b$

b) $x + 15 = 48$

d) $x - 18 = 90$

f) $x - m = r$

2. Aufgabe: Ermitteln Sie den Wert *x*.

a) $12 + x = 20$

c) $87 = 64 + x$

e) $9 - x = 7$

b) $42 = x + 6$

d) $r = x - s$

f) $28 = 34 - x$

Name	Klasse	Datum	Arbeit

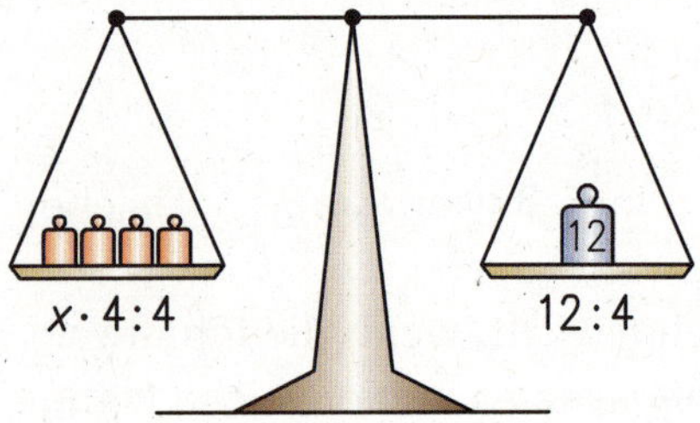

Die Waage bleibt im Gleichgewicht, wenn beide Seiten mit der gleichen Größe multipliziert oder dividiert werden.

Beim Seitentausch einer Größe ändert sich das Rechenzeichen nach der Regel:

Grundregel

aus · wird :
aus : wird ·

$x \cdot \mathbf{4} = 12$

$x = 12 : \mathbf{4}$

$\underline{\underline{x = 3}}$

3. Aufgabe: Berechnen Sie *x*.

a) $x \cdot 8 = 56$

c) $195 = 3 \cdot x$

b) $12 \cdot x = 42$

d) $a = b \cdot x$

4. Aufgabe: Lösen Sie folgende Aufgaben nach *x* auf.

a) $\frac{x}{a} = 28$

c) $\frac{81}{x} = 4{,}5$

b) $\frac{x}{8} + 4 = 22$

d) $\frac{6}{x} = \frac{2}{3}$

Jeder Wert, der in einer Gleichung die Seite wechselt, erhält dabei das umgekehrte Vorzeichen.

Bildnachweis: Di Gaspare, Michele (Bild und Technik Agentur für technische Grafik und Visualisierung)

Gleichungen II

Aufgaben: Lösen Sie die Gleichungen nach *x* auf.

a) $6x + 18 = 78$

b) $15x - 36 - 3x = 120$

c) $5x - 24 = 3x + 8$

d) $36 + 8x - 16 = 48 - 4x + 50$

e) $\frac{7x}{4} = 32 + 10$

f) $\frac{x + 16}{4} = 54$

Name	Klasse	Datum	Arbeit

g) $\frac{148}{x + 10} = 4$

h) $\frac{216}{5x - 3} = 12$

i) $128 - 14x = 16$

k) $6(x + 2) = 48$

l) $x : 4 = 48 : 16$

m) $1 : 25 = x : 100$

n) $x^2 = 289$

o) $7x^2 = 175$

Umstellen von Formeln I

Das Umstellen von Formeln erfolgt nach den gleichen Rechenregeln wie das Umstellen von Gleichungen.

Aufgaben: Stellen Sie die angegebenen Formeln nach den im Kästchen stehenden Formelzeichen um.

a) $F = \boxed{F_1} + F_2$

b) $V = V_1 + \boxed{V_2} - V_3$

c) $A = \ell \cdot \boxed{b}$

d) $U = \pi \cdot \boxed{d}$

e) $V = \boxed{\ell} \cdot b \cdot h$

f) $i = i_1 \cdot i_2 \cdot \boxed{i_3}$

g) $v = \frac{\boxed{s}}{t}$

h) $I = \frac{\boxed{U}}{R}$

i) $A = \frac{\ell \cdot \boxed{b}}{2}$

k) $V = \frac{\boxed{A} \cdot h}{3}$

Name	Klasse	Datum	Arbeit

l) $l_B = \frac{\pi \cdot \boxed{d} \cdot \alpha}{360\,°}$

m) $a = \frac{2 \cdot \boxed{s}}{t^2}$

n) $v_c = \frac{\pi \cdot d \cdot \boxed{n}}{1\,000}$

o) $v_c = \frac{\pi \cdot \boxed{d} \cdot n}{1\,000}$

p) $\boxed{n_1} \cdot d_1 = n_2 \cdot d_2$

q) $n_1 \cdot d_1 = n_2 \cdot \boxed{d_2}$

r) $v = \frac{s}{\boxed{t}}$

s) $I = \frac{U}{\boxed{R}}$

t) $\eta = \frac{P_{ab}}{\boxed{P_{zu}}}$

u) $t_h = \frac{\pi \cdot d \cdot L}{v_c \cdot 1\,000 \cdot \boxed{f}}$

Umstellen von Formeln II

Aufgaben: Stellen Sie die angegebenen Formeln nach den im Kästchen stehenden Formelzeichen um.

a) $U = 2 \cdot (\boxed{l} + b)$

b) $U = 2 \cdot (l + \boxed{b})$

c) $V = \frac{(\boxed{A_1} + A_2) \cdot h}{2}$

d) $a = \frac{m \cdot (\boxed{z_1} + z_2)}{2}$

e) $m = \frac{\boxed{d_a}}{z + 2}$

f) $m = \frac{d_a}{\boxed{z} + 2}$

g) $\frac{\boxed{F_1}}{A_1} = \frac{F_2}{A_2}$

h) $\frac{n_1}{\boxed{n_2}} = \frac{z_2}{z_1}$

Name	Klasse	Datum	Arbeit

i) $V_R = \dfrac{\boxed{D} - d}{2 \cdot L}$

k) $V_R = \dfrac{D - \boxed{d}}{2 \cdot L}$

l) $A = \boxed{l}^2$

m) $A = \dfrac{\pi \cdot \boxed{d}^2}{4}$

n) $\boxed{c}^2 = a^2 + b^2$

o) $c^2 = \boxed{a}^2 + b^2$

p) $U = \sqrt{P \cdot \boxed{R}}$

q) $t = \sqrt{\dfrac{2 \cdot \boxed{s}}{a}}$

Prüfmaße

Für jede Maßgabe (Nennmaß) in einer technischen Zeichnung sind zulässige Abweichungen festgelegt. Die Angabe kann durch Allgemeintoleranzen (ISO 2768), Zahlenwerte oder ISO-Toleranzklassen erfolgen.

Bohrungen

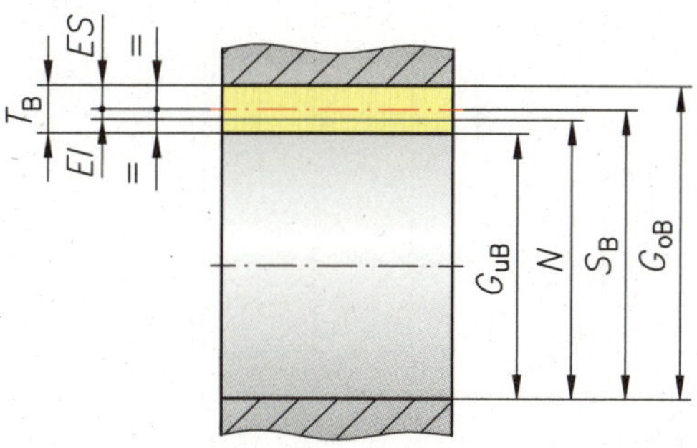

- N Nennmaß
- ES oberes Abmaß Bohrung
- EI unteres Abmaß Bohrung
- G_{oB} Höchstmaß Bohrung
- G_{uB} Mindestmaß Bohrung
- S_B Sollmaß Bohrung (Toleranzfeldmitte)
- T_B Toleranz Bohrung

$$G_{oB} = N + ES$$
$$G_{uB} = N + EI$$
$$S_B = \frac{G_{oB} + G_{uB}}{2}$$
$$T_B = G_{oB} - G_{uB}$$
$$T_B = ES - EI$$

Wellen

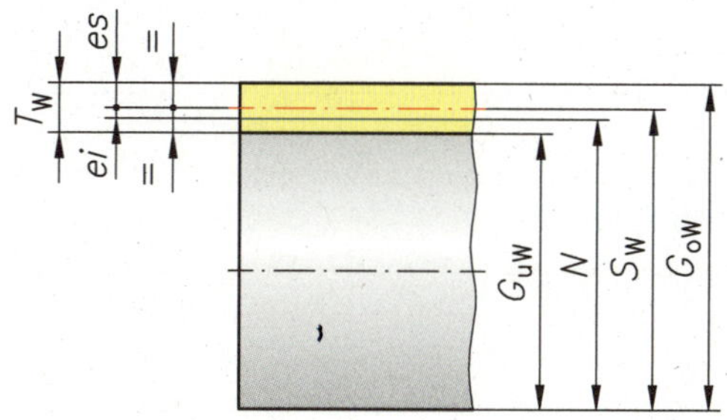

- N Nennmaß
- es oberes Abmaß Welle
- ei unteres Abmaß Welle
- G_{oW} Höchstmaß Welle
- G_{uW} Mindestmaß Welle
- S_W Sollmaß Welle (Toleranzfeldmitte)
- T_W Toleranz Welle

$$G_{oW} = N + es$$
$$G_{uW} = N + ei$$
$$S_W = \frac{G_{oW} + G_{uW}}{2}$$
$$T_W = G_{oW} - G_{uW}$$
$$T_W = es - ei$$

1. Aufgabe: Wie groß sind Höchstmaß, Mindestmaß, Sollmaß und Toleranz für das Bohrungspassmaß ⌀ 30 ± 0,15?

2. Aufgabe: In einer Zeichnung ist das Wellenmaß 120 eingetragen. Im Schriftfeld steht die Angabe ISO 2768 mittel. Wie groß sind Höchstmaß, Mindestmaß, Sollmaß und Toleranz? (Hilfsmittel: Tabellenbuch)

Name	Klasse	Datum	Arbeit

3. Aufgabe: Ergänzen Sie die Tabelle zu nebenstehender Zeichnung (Hilfsmittel: Tabellenbuch).

N mm	ES es mm	EI ei mm	G_{oB} G_{oW} mm	G_{uB} G_{uW} mm	S_B S_W mm	T_B T_W mm
400						
78						
60						
42						
40						
30						
20						
7						
5						
2,5						

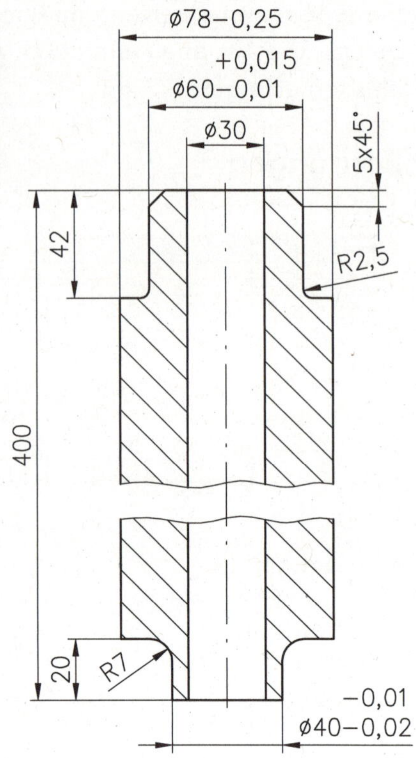

ISO 2768–mittel

4. Aufgabe: Bestimmen Sie Höchstmaß, Mindestmaß und Toleranz für das Prüfmaß *x*.
Bohrung 30 H7: $ES = +21$ **µ**m; $EI = 0$
Bohrung 40 S7: $es = -34$ **µ**m; $ei = -59$ **µ**m

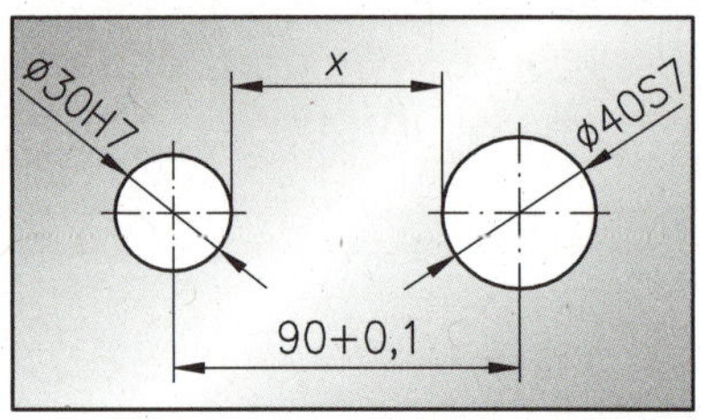

5. Aufgabe: Bestimmen Sie Höchstmaß, Mindestmaß und Toleranz für den Randabstand *a* (Hilfsmittel: Tabellenbuch).

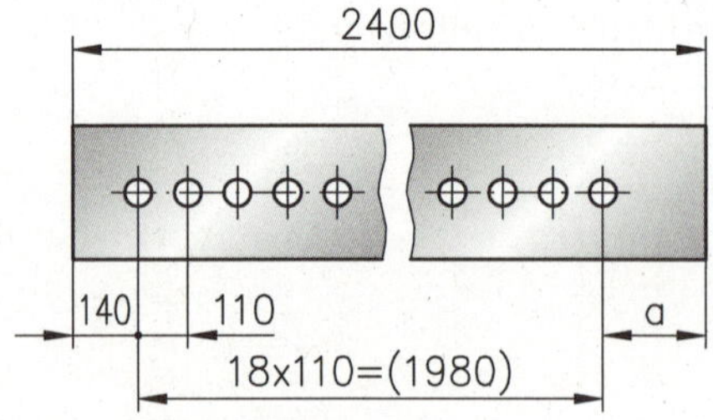

ISO 2768-grob

Bildnachweis: Di Gaspare, Michele (Bild und Technik Agentur für technische Grafik und Visualisierung)

Lehrsatz von Pythagoras

Beim rechtwinkligen Dreieck ist die Fläche des Hypotenusenquadrates gleich der Summe der Flächen der beiden Kathetenquadrate.

$$c^2 = a^2 + b^2$$

$c = \sqrt{a^2 + b^2}$

$a =$

$b =$

a Kathete
b Kathete
c Hypotenuse

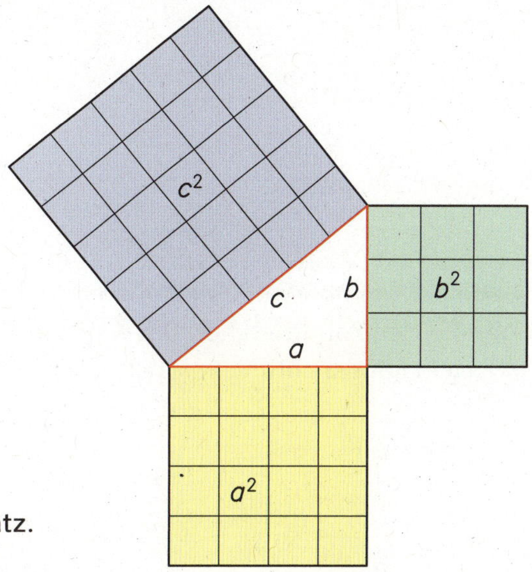

Schreiben Sie zuerst den jeweils erforderlichen Ansatz.

1. Aufgabe: In einem rechtwinkligen Dreieck ist die Kathete $a = 15$ cm, die Kathete $b = 12$ cm lang. Wie lang ist die Hypotenuse?

2. Aufgabe: Es ist ein Vierkant nach Zeichnung herzustellen. Welchen Durchmesser muss der Rundstahl haben?

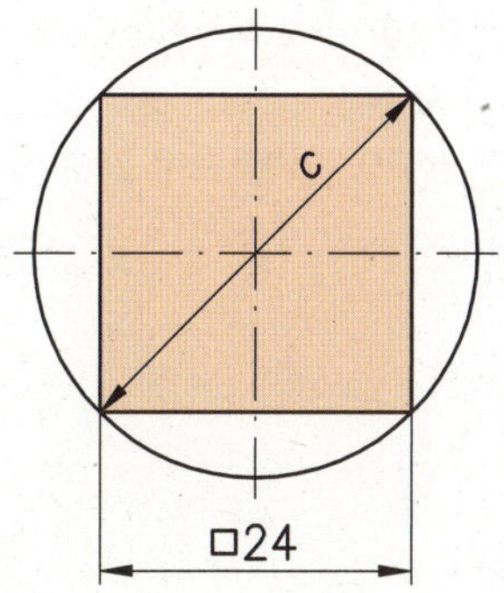

Name	Klasse	Datum	Arbeit

3. Aufgabe: Bestimmen Sie das Maß *x*.

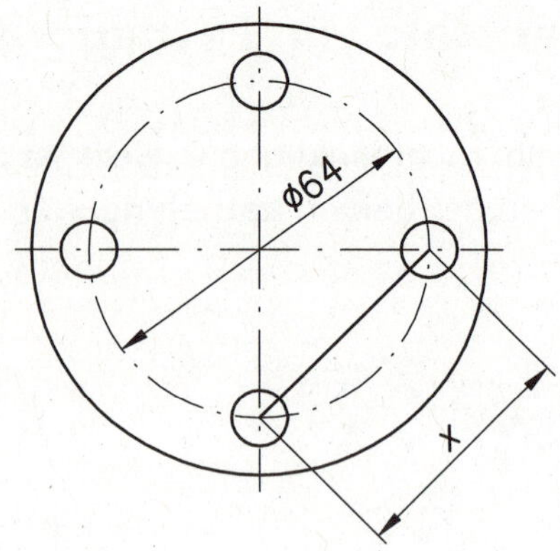

4. Aufgabe: Am Bohrwerk stellt man die Lagerbohrungen für den Zahntrieb her. Um welches Maß muss der Tisch in Längsrichtung verstellt werden?

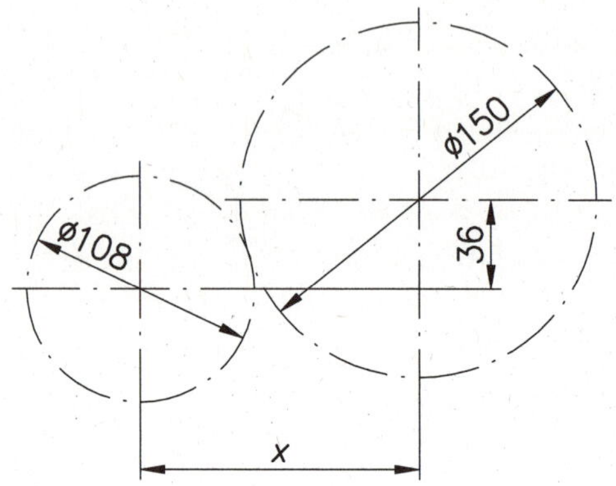

5. Aufgabe: Berechnen Sie den Anlaufweg des Fräsers nach Skizze.

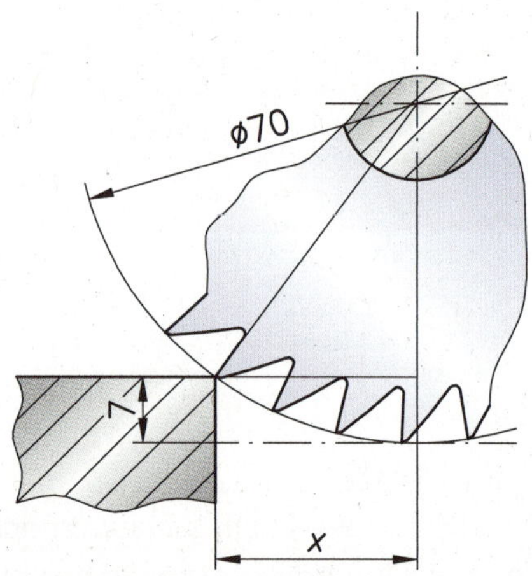

6. Aufgabe: Kurbeltrieb
Kurbelkreisdurchmesser 436 mm, Entfernung Triebachsenmitte bis Kreuzkopfzapfenmitte nach Skizze 980 mm.
Wie lang muss die Schubstange sein?

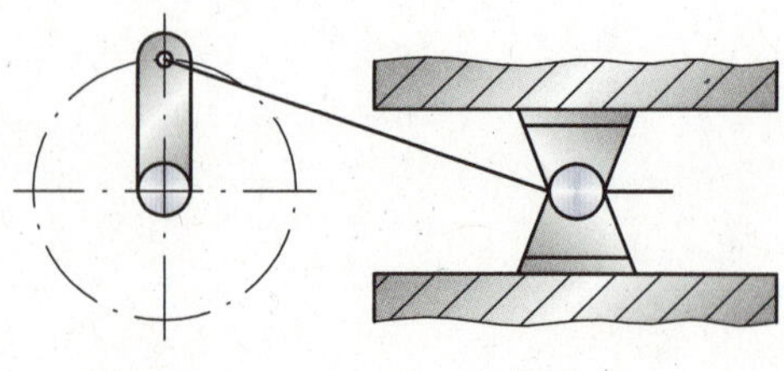

Winkelmaße

Die Größe eines Winkels wird in Grad [°] angegeben.
Ein Grad hat 60 Minuten, eine Minute 60 Sekunden. Der Vollkreis hat 360°, der Halbkreis 180° und der Viertelkreis 90°.

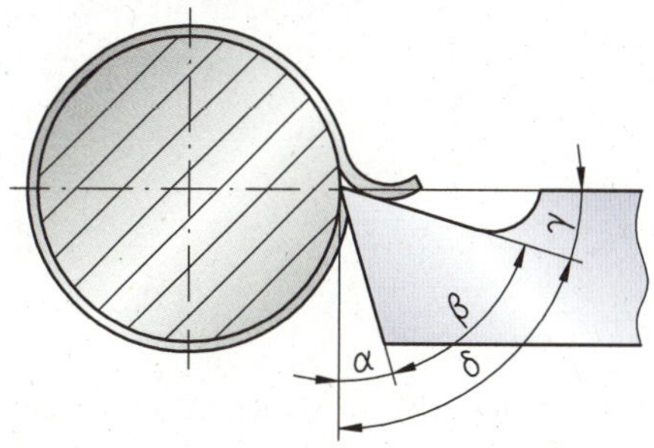

$1° = 60' = 3\,600''$

$1' = 60''$

1. Aufgabe: Wandeln Sie die angegebenen Winkel in Grad um.

a) $210' =$ b) $7\,500'' =$ c) $74' =$

2. Aufgabe: Wandeln Sie die angegebenen Winkel in Minuten um.

a) $1{,}5° =$ b) $225'' =$ c) $2{,}65° =$

3. Aufgabe: Addieren Sie die folgenden Winkel.

a) $8° + 68° + 14° =$

b) $25°15' + 12°35' =$

c) $48°32' + 8°45' + 16°4' =$

d) $135°56'52'' + 47°8'48'' =$

4. Aufgabe: Ermitteln Sie das Ergebnis als Dezimalzahl.

a) $46° - 12° - 21°30' =$

b) $112° - 38°45' - 7°23' =$

c) $274°45' - 181°57'30'' =$

d) $85°27'34'' - 17°54'46'' =$

5. Aufgabe: Die Winkelsumme im Dreieck beträgt immer 180° ($\alpha + \beta + \gamma = 180°$).
Berechnen Sie den fehlenden Winkel.

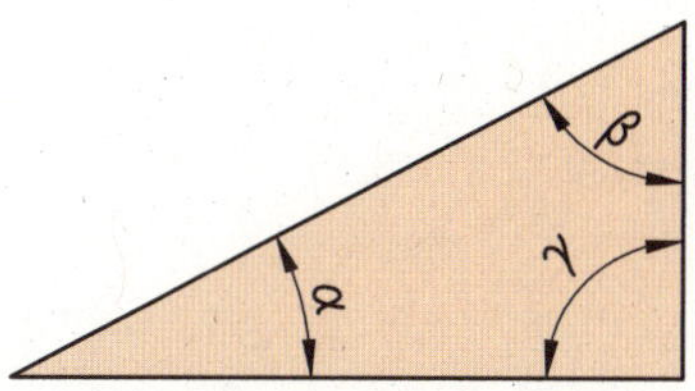

a) $\alpha = 47°$ $\beta = 68°$ $\gamma =$

b) $\alpha =$ $\beta = 117{,}5°$ $\gamma = 37°45'$

c) $\alpha = 84°17'$ $\beta =$ $\gamma = 28°53'22''$

Name	Klasse	Datum	Arbeit

6. Aufgabe: In eine kreisförmige Scheibe aus Blech wird mit einer Schere ein Ausschnitt von $\alpha = 37°\,30'$ geschnitten.
Wie groß ist der Winkel der verbleibenden Scheibe?

7. Aufgabe: Ein Abdeckblech für eine kreisförmige Schachtöffnung ist zu fertigen. Die Schachtöffnung soll von dem Blech jedoch nur zu $^7/_8$ verdeckt werden.
Welchen Winkel muss das Abdeckblech besitzen?

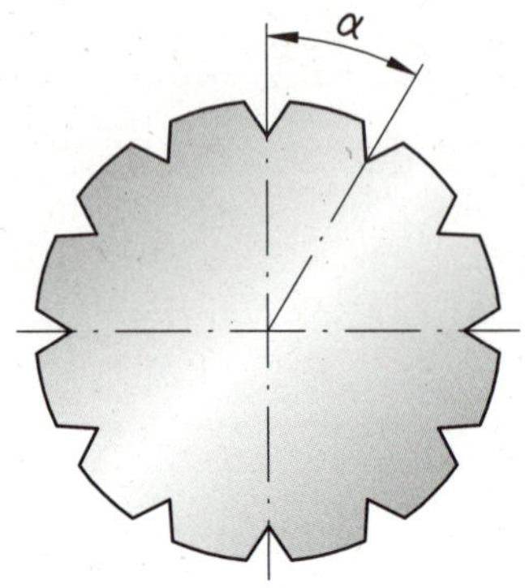

8. Aufgabe: Wie groß ist der Winkel α der abgebildeten Rastenscheibe?

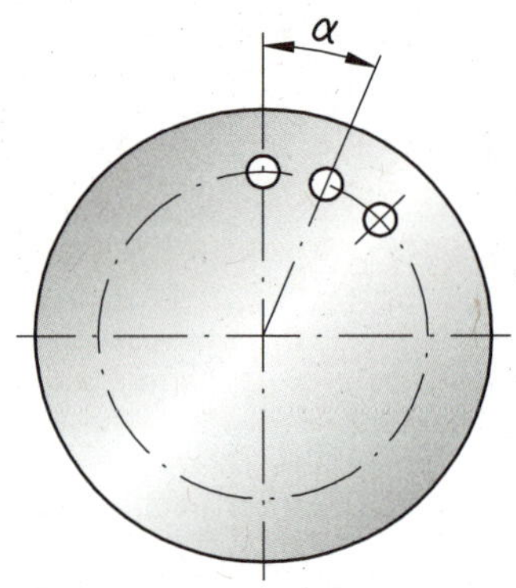

9. Aufgabe: Eine Verschlussscheibe erhält Bohrungen im Winkelabstand $\alpha = 22°\,30'$.
Wie viele Bohrungen befinden sich auf dem Lochkreis der Scheibe?

10. Aufgabe: Bei einem Viertaktmotor öffnet das Einlassventil 23° vor OT und schließt 38° nach UT. Das Auslassventil öffnet 53° vor UT und schließt 16° nach OT.

Ermitteln Sie:
a) den Öffnungswinkel des Einlassventils,
b) den Öffnungswinkel des Auslassventils,
c) die Ventilüberschneidung, d. h. den Winkelbereich, in dem beide Ventile gleichzeitig geöffnet sind.

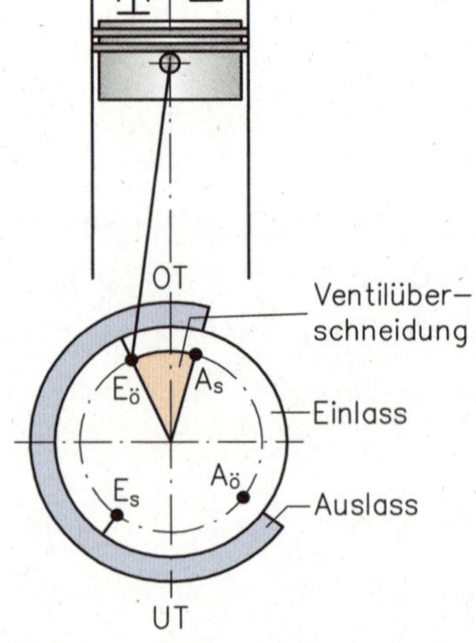

Winkelfunktionen

Die Winkel in einem rechtwinkeligen Dreieck stehen zu den Seiten in bestimmten Verhältnissen. Aus den Verhältnissen verschiedener Seiten werden verschiedene Winkelfunktionen gebildet. Mit ihrer Hilfe lassen sich aus den Seitenverhältnissen die Winkel bestimmen.

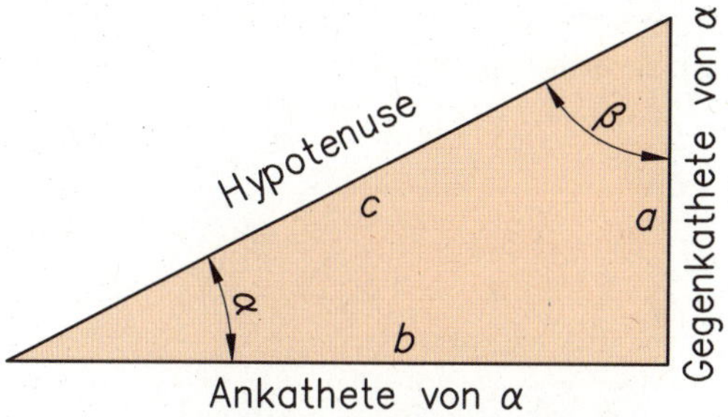

Sinus $= \frac{\text{Gegenkathete}}{\text{Hypotenuse}}$	$\sin\alpha = \frac{a}{c}$	$\sin\beta = \frac{b}{c}$	**Tangens** $= \frac{\text{Gegenkathete}}{\text{Ankathete}}$	
Cosinus $= \frac{\text{Ankathete}}{\text{Hypotenuse}}$	$\cos\alpha = \frac{b}{c}$	$\cos\beta = \frac{a}{c}$	$\tan\alpha = \frac{a}{b}$	$\tan\beta = \frac{b}{a}$

1. Aufgabe: Bestimmen Sie die Winkelfunktionen.

a) Sinus von 8°40′ =

b) Cosinus von 62°10′ =

c) Tangens von 54°30′ =

d) Sinus von 12,4° =

2. Aufgabe: Bestimmen Sie die Winkel.

a) $\sin\alpha = 0{,}2644$; $\alpha =$

b) $\cos\alpha = 0{,}8141$; $\alpha =$

c) $\tan\alpha = 5{,}6713$; $\alpha =$

d) $\tan\alpha = 0{,}3371$; $\alpha =$

3. Aufgabe: Berechnen Sie den Winkel α und die Seite b.

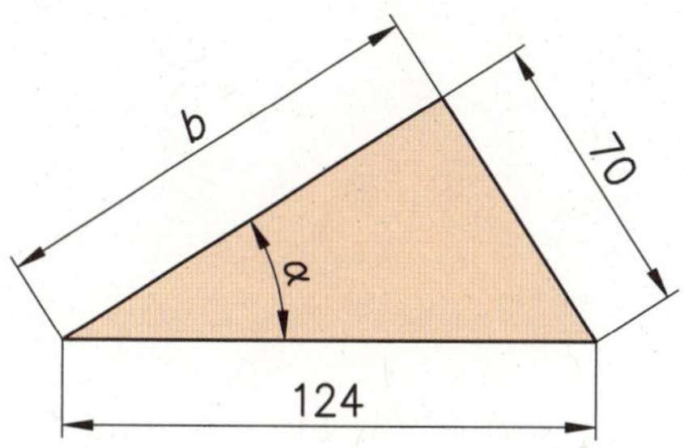

4. Aufgabe: Wie groß ist der Winkel α?

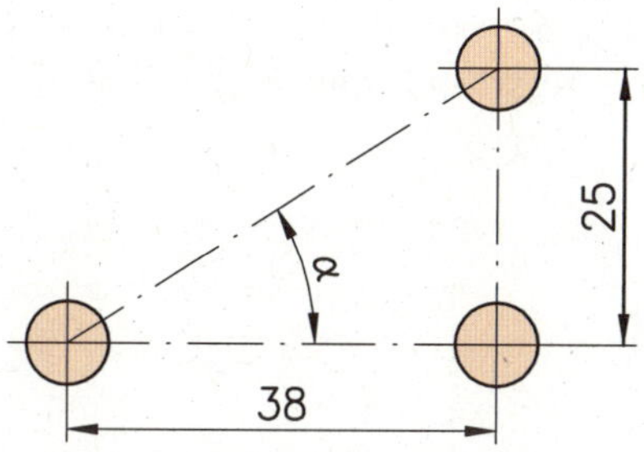

Name	Klasse	Datum	Arbeit

Bildnachweis: Di Gaspare, Michele (Bild und Technik Agentur für technische Grafik und Visualisierung)

5. Aufgabe: Von dem Stahldach sind Höhe und Sparrenlänge zu ermitteln.

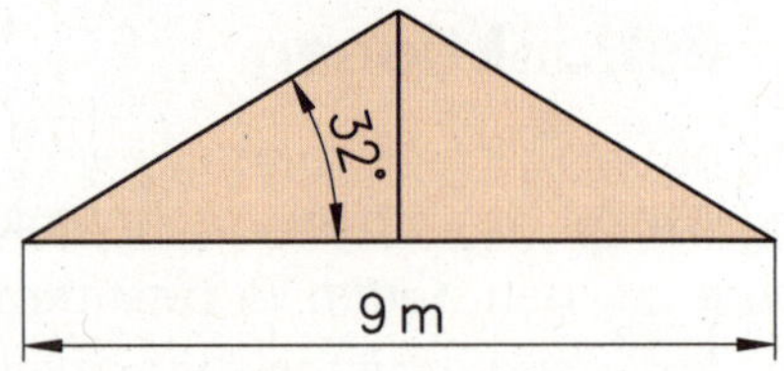

6. Aufgabe: Sinuslineal
Berechnen Sie das Maß *E* für
a) $\alpha = 22° 30'$
b) $\alpha = 8° 10'$

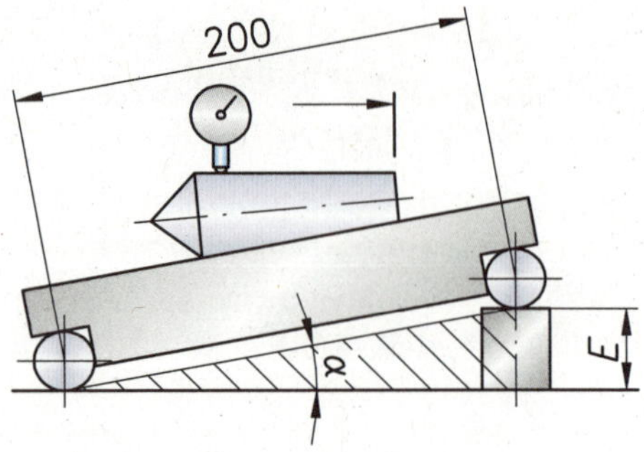

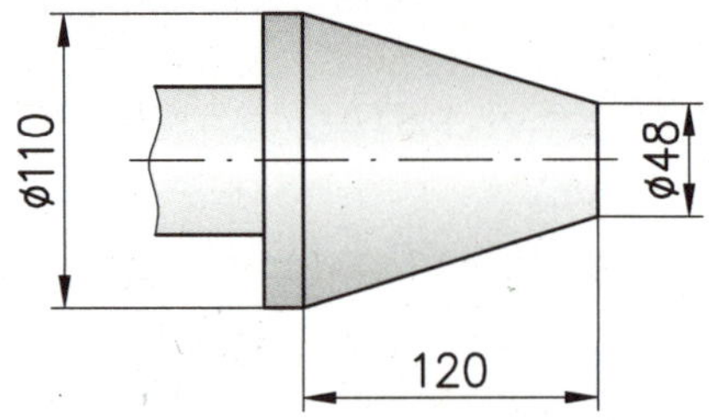

7. Aufgabe: Um welchen Winkel ist der Oberschlitten für das Drehen des kegelförmigen Werkstückes zu verstellen?

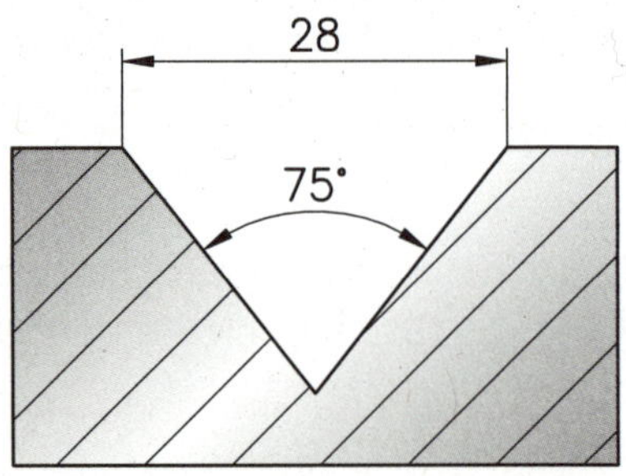

8. Aufgabe: Bestimmen Sie bei der Prismenführung die Frästiefe.

9. Aufgabe: Auf einer Fräsmaschine mit CNC-Steuerung sind die Bohrungen herzustellen. Berechnen Sie die Koordinaten x und y für einen Lochkreisdurchmesser von 250 mm.

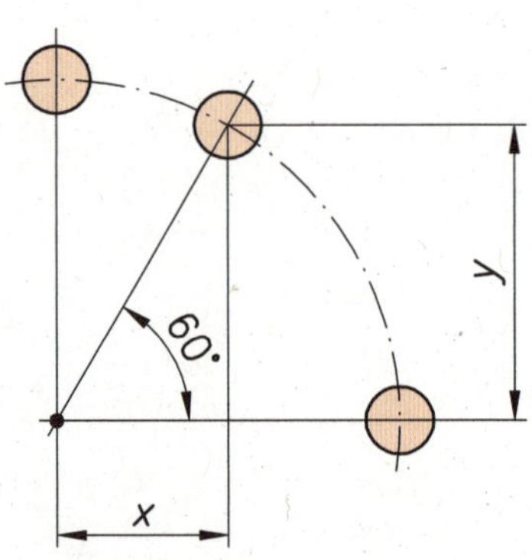

Längenberechnung

Für die Längenberechnung sind die Längenmaße von Bedeutung. Beim Rechnen mit Längen ist besonders auf die vorherige Umwandlung in gleiche Maßeinheiten zu achten.

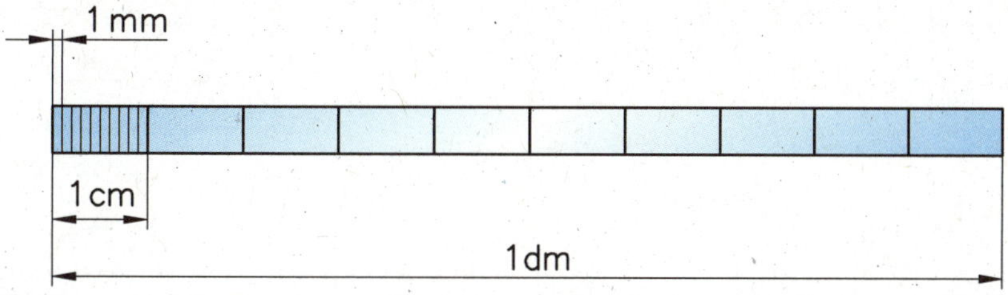

1 m = dm = cm = mm 1 mm = cm = dm = m

1 dm = cm = mm 1 cm = dm = m

1 cm = mm 1 dm = m

Umwandlungszahl bei Längenmaßen ist 10.

1. Aufgabe: Wandeln Sie die gegebenen Längen in m um.

a) 33,5 dm = b) 1 272 cm = c) 344 mm =

d) 12 347 mm = e) 265,5 dm = f) 84 cm =

2. Aufgabe: Wandeln Sie die gegebenen Längen in mm um.

a) 1,37 m = b) 11,25 cm = c) 7,14 dm =

d) 184,3 cm = e) 0,76 cm = f) 2,37 m =

3. Aufgabe: Eine Stahlstange ist 4,75 m lang. Von ihr werden nacheinander Teile mit folgenden Längen abgeschnitten: 1,2 m, 86 mm, 162,5 cm, 4,23 dm. Die Schnittbreite des Sägeblattes beträgt 1,5 mm. Wie groß ist die verbleibende Restlänge?

4. Aufgabe: Mit einer Maschinensäge werden von einer 0,56 m langen Aluminiumwelle Scheiben mit einer Dicke von 32,5 mm abgeschnitten. Das Sägeblatt hat eine Schnittbreite von 2 mm. Ermitteln Sie, wie viele Scheiben aus der Welle herstellbar sind.

5. Aufgabe: Die Lage von zwei Wellen ist mithilfe des Kontrollmaßes *x* zu überprüfen.
Bestimmen Sie die Größe dieses Kontrollmaßes anhand der Zeichnung.

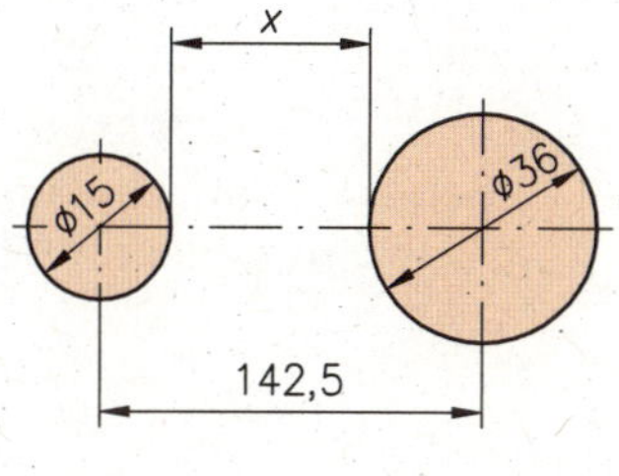

Name	Klasse	Datum	Arbeit

Bildnachweis: Di Gaspare, Michele (Bild und Technik Agentur für technische Grafik und Visualisierung)

Rand-, Mitten- und Lochabstände

Die Endstücke und Teilungen sind **gleich groß**.

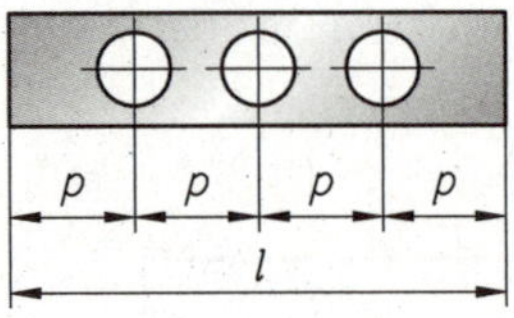

Gesamtlänge =
Anzahl der Teilungen · Teilung

$$l = z \cdot p$$

Anzahl der Teilungen =
Anzahl der Teilungspunkte + 1

$$z = n + 1$$

Die Endstücke und Teilungen sind **verschieden groß**.

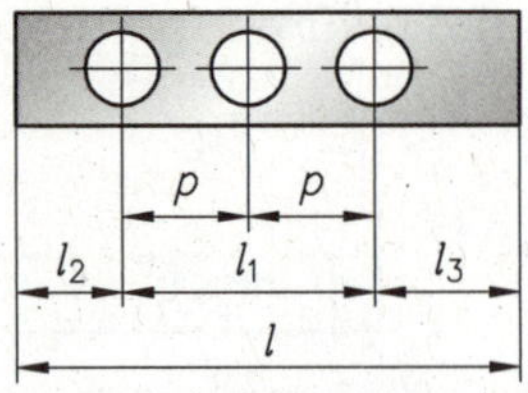

Gesamtlänge =
Teilungslänge + Endstück 1 + Endstück 2

$$l = l_1 + l_2 + l_3$$

Teilungslänge =
Anzahl der Teilungen · Teilung

$$l_1 = z \cdot p$$

Anzahl der Teilungen =
Anzahl der Teilungspunkte – 1

$$z = n - 1$$

1. Aufgabe: Ein U-Stahl soll 10 Bohrungen im Abstand von 200 mm erhalten. Die Endstücke haben ebenfalls eine Länge von 200 mm. Wie lang ist der U-Stahl?

2. Aufgabe: Bei dem abgebildeten Flachstahl sind die Endstücke und die Teilungen gleich groß. Berechnen Sie diese Abstände.

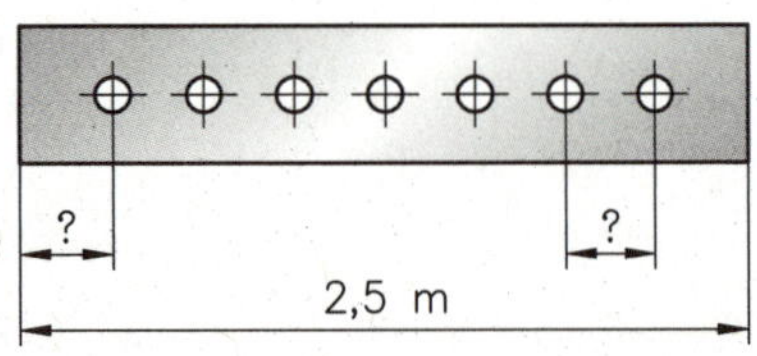

3. Aufgabe: Zur Verstärkung eines Bauteiles soll ein L-Stahl (l = 450 mm) aufgenietet werden. Wie groß ist die Teilung p, wenn 11 Nieten im gleichen Abstand gesetzt werden und die Niete von den Enden des L-Stahls 15 mm entfernt sind?

4. Aufgabe: In die Leiste sollen in gleichen Abständen 12 Löcher gebohrt werden. Wie groß ist der Abstand der Lochmitten?

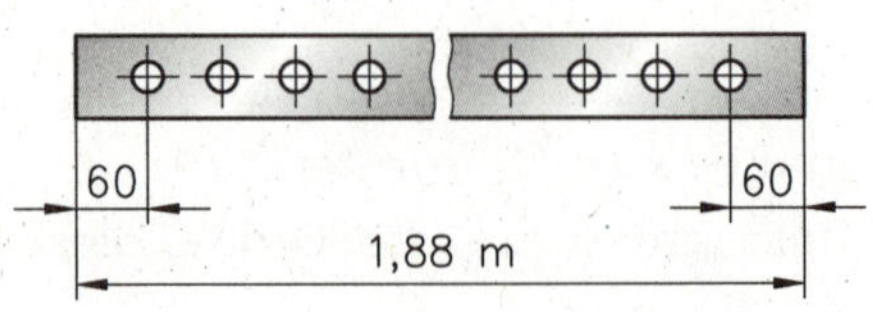

Bogenlänge

Die Bogenlänge ist ein bestimmter Teil des Kreisumfanges ***(U* = π · *d)***. Ihre Größe ist abhängig vom Durchmesser des Kreises und vom Mittelpunktswinkel *α*.

Bogenlänge = $\frac{\text{3,14} \cdot \text{Durchmesser} \cdot \text{Winkel } \alpha}{360°}$

$$l_B = \frac{\pi \cdot d \cdot \alpha}{360°}$$

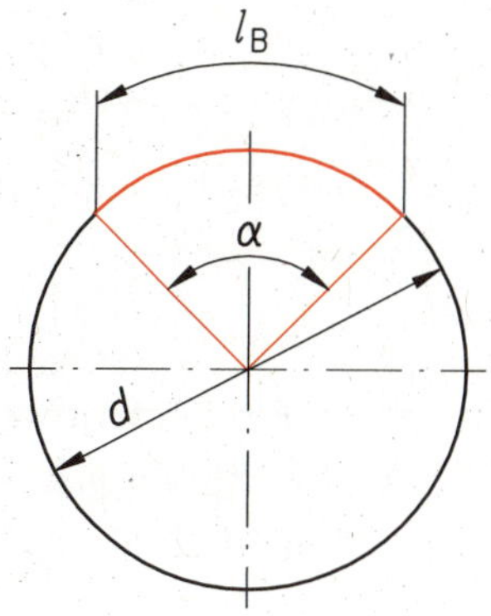

1. Aufgabe: Bestimmen Sie die Länge des Bogens.

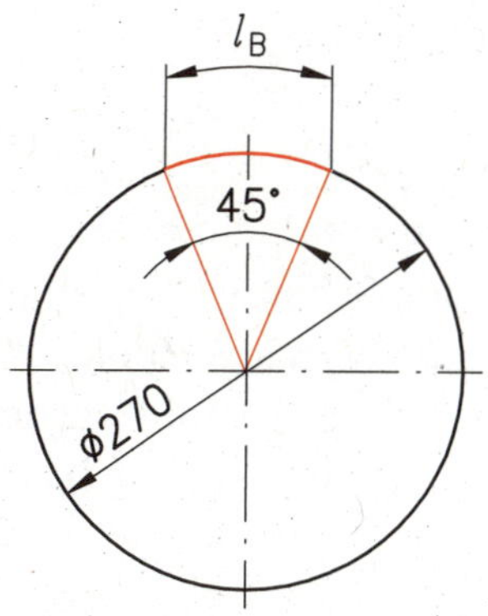

2. Aufgabe: Welche Länge hat der Bogen?

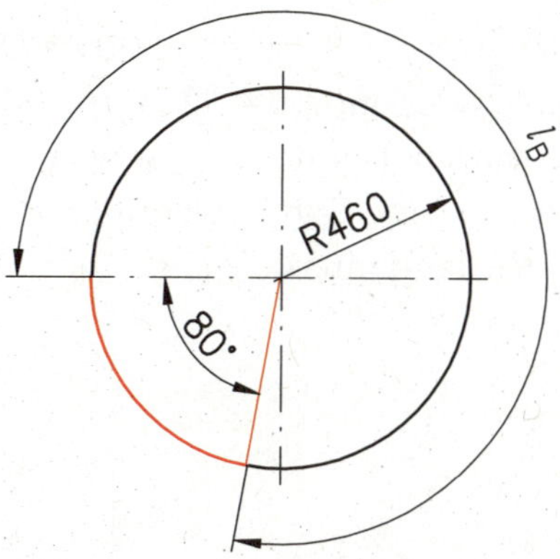

3. Aufgabe: Berechnen Sie die Gesamtlänge der gezeichneten Feder.

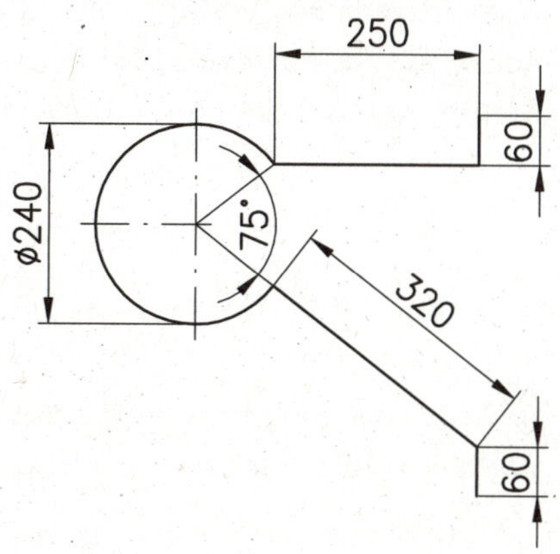

Name	Klasse	Datum	Arbeit

Bildnachweis: Di Gaspare, Michele (Bild und Technik Agentur für technische Grafik und Visualisierung)

Umfang von Flächen

Schlagen Sie die Formeln zur Berechnung der folgenden Aufgaben in Ihrer **Formelsammlung** oder in Ihrem **Tabellenbuch** nach.

1. Aufgabe: Welchen Umfang hat ein Rechteck mit einer Länge von 250 mm und einer Breite von 175 mm?

2. Aufgabe: Ein Verschlussdeckel ($d = 125$ mm) soll auf ein Rohr geschweißt werden.
Berechnen Sie die Länge der Schweißnaht.

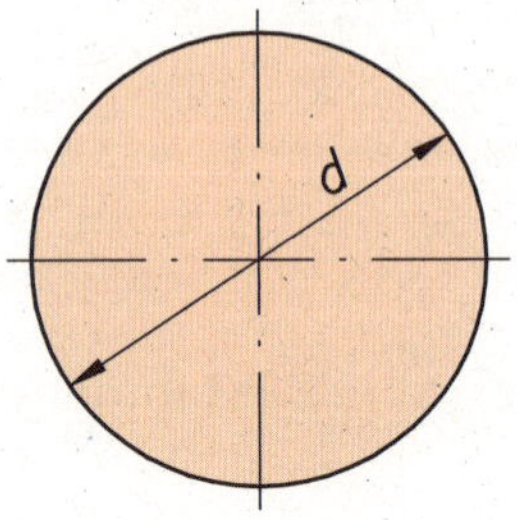

3. Aufgabe: Ein modernes Fenster erhält oben eine halbkreisförmige Scheibe. Der Rahmen für diese halbkreisförmige Scheibe wird aus einem L-Profil gefertigt.
Wie viel mm L-Profil werden benötigt?

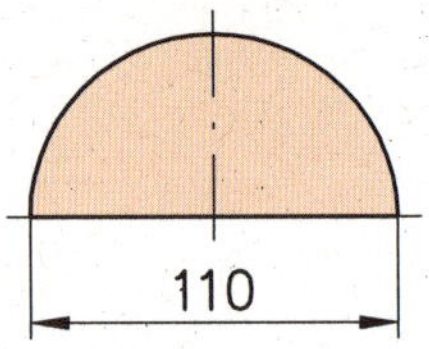

4. Aufgabe: Die abgebildete Öffnung eines Gussteiles ($D = 180$ mm, $d = 120$ mm) soll mit einem Deckel verschlossen werden. Damit eine ausreichende Dichtheit gewährleistet ist, muss eine Gummidichtung eingelegt werden.
Wie lang muss die Gummidichtung mindestens sein?

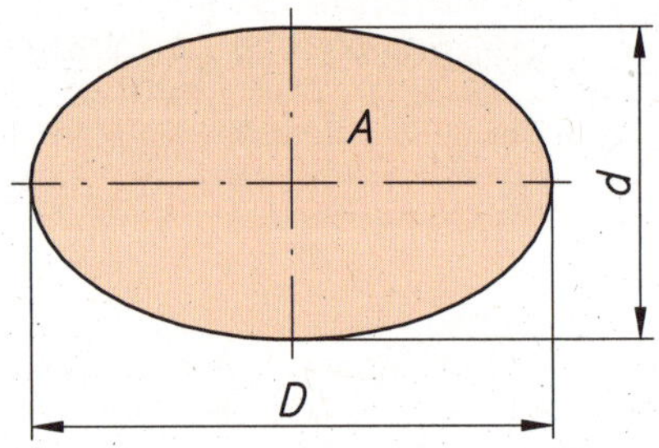

5. Aufgabe: Der T-Stahl soll mit einer durchgehenden Schweißnaht auf einer Stahlplatte befestigt werden.
Bestimmen Sie die Länge der Schweißnaht.

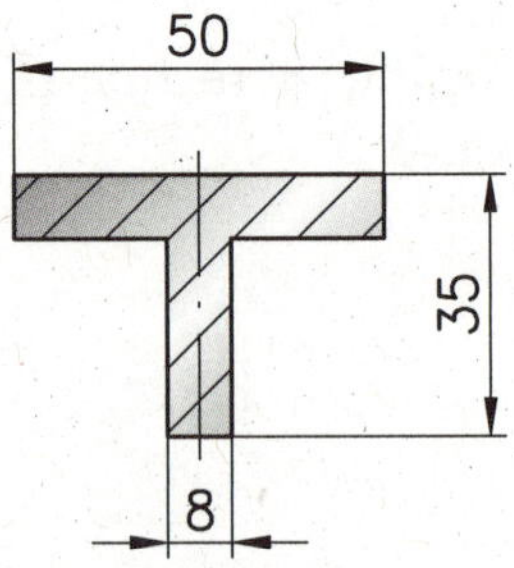

6. Aufgabe: Eine Pkw-Felge hat einen Umfang von 1 197 mm.
Welchen Durchmesser besitzt die Felge
a) in Millimeter,
b) in Zoll?

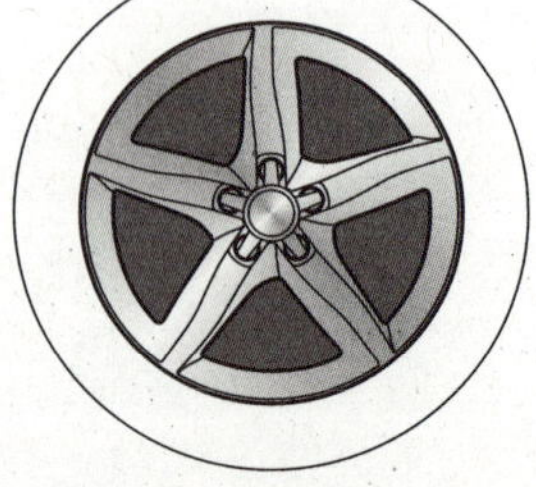

Gestreckte Länge

Beim Biegen eines Werkstückes wird die äußere Faserschicht gestreckt, die innere Faserschicht gestaucht. Die neutrale Faser, die im Schwerpunktsweg des Querschnitts liegt, behält ihre Länge. Der Schwerpunktsweg fällt auf die Mittellinie. Die gestreckte Länge ist demnach die Länge der Mittellinie eines Biegeteiles.

1. Aufgabe: Bestimmen Sie die gestreckte Länge des Ringes.

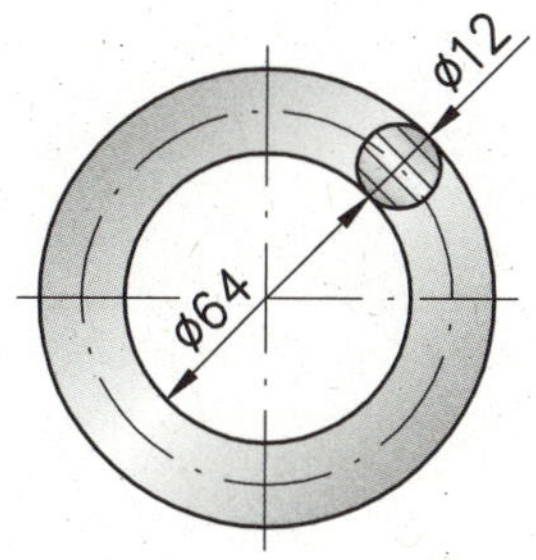

2. Aufgabe: Wie viel mm Rundstahl braucht man für das Kettenglied?

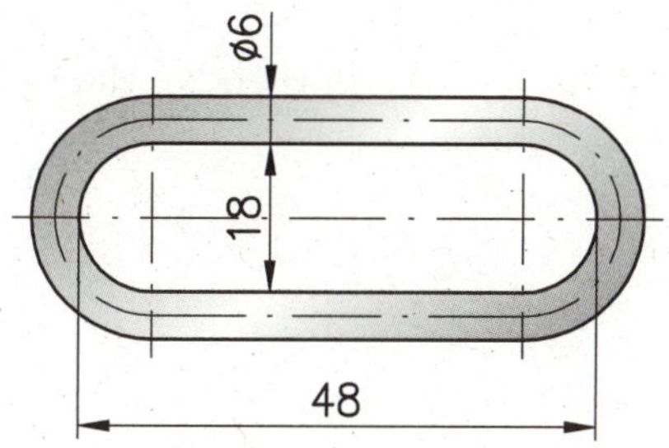

3. Aufgabe: Auf welche Länge ist das Material für den Haken abzuschneiden?

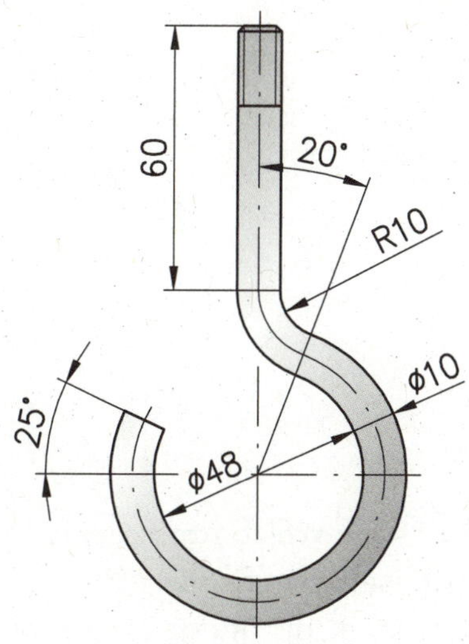

4. Aufgabe: Ermitteln Sie die Länge des Auspuffrohrteiles.

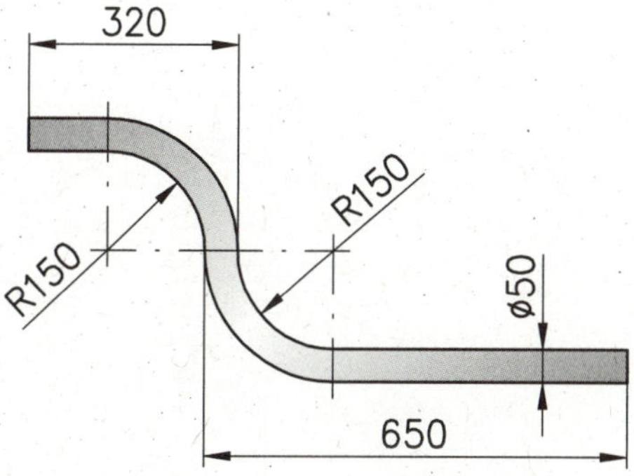

Name	Klasse	Datum	Arbeit

5. Aufgabe: Berechnen Sie die gestreckte Länge.

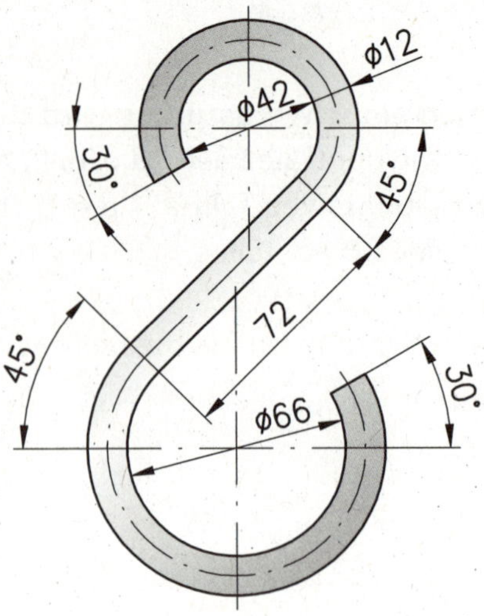

6. Aufgabe: Bestimmen Sie die Länge des Ausgangsmaterials.

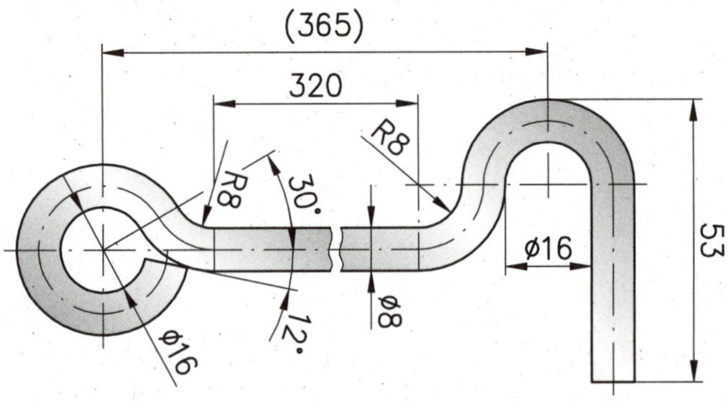

7. Aufgabe: Welche gestreckte Länge hat der ellipsenförmige Bügel?
Schlagen Sie die nötige Formel in Ihrer Formelsammlung oder in Ihrem Tabellenbuch nach.

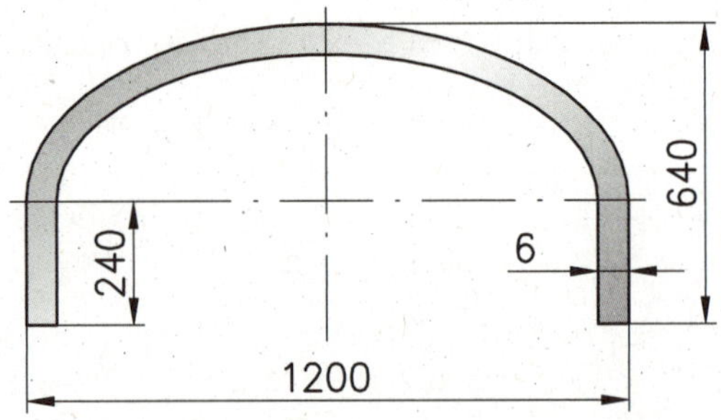

Geradlinige Flächen I

Flächenmaße sind leicht umzuwandeln, wenn man schrittweise in die nächstkleinere bzw. nächstgrößere Einheit umrechnet.

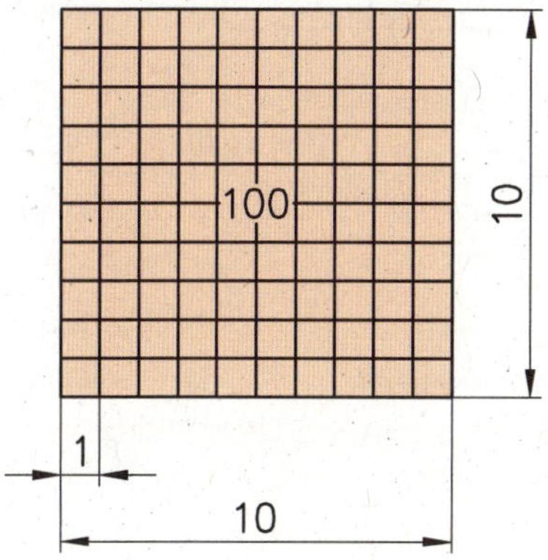

$1\ m^2$	=	dm^2	=	cm^2	=	mm^2
		$1\ dm^2$	=	cm^2	=	mm^2
				$1\ cm^2$	=	mm^2
$1\ mm^2$	=	cm^2	=	dm^2	=	m^2
		$1\ cm^2$	=	dm^2	=	m^2
				$1\ dm^2$	=	m^2

Umwandlungszahl bei Flächenmaßen ist 100.

1. Aufgabe: Geben Sie die folgenden Flächenmaße in m^2 an.

a) $15\,700\ cm^2 =$ b) $95\ dm^2 =$ c) $850\,000\ mm^2 =$

d) $2{,}57 \cdot 10^6\ mm^2 =$ e) $740\ cm^2 =$ f) $372\ dm^2 =$

2. Aufgabe: Wandeln Sie die gegebenen Flächenmaße in mm^2 um.

a) $0{,}037\ m^2 =$ b) $2{,}74\ dm^2 =$ c) $63\ cm^2 =$

d) $0{,}46\ dm^2 =$ e) $0{,}09\ cm^2 =$ f) $1{,}1\ m^2 =$

3. Aufgabe: Ein Quadratstahl hat eine Seitenlänge von 24 mm.
Berechnen Sie seine Fläche in mm^2.

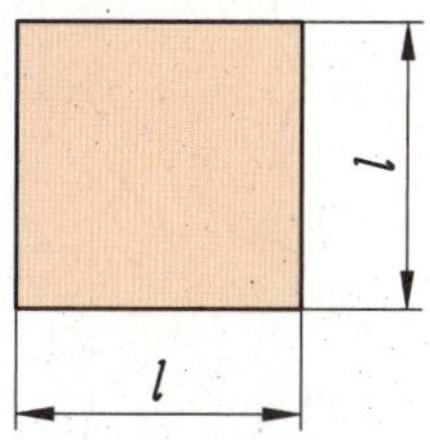

$A = l^2$

4. Aufgabe: Ermitteln Sie die Fläche des rautenförmigen Ausschnittes in cm^2 ($l = 145$ mm, $b = 82$ mm).

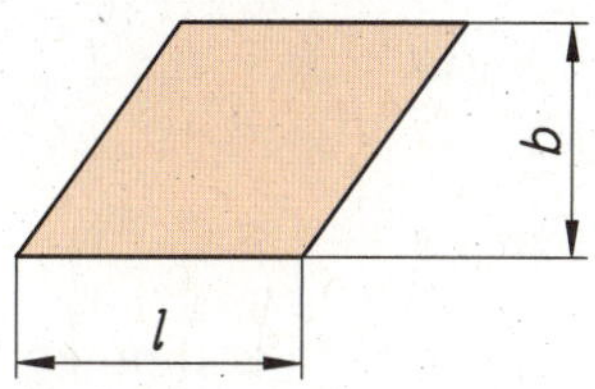

$A = l \cdot b$

5. Aufgabe: Die Fläche einer 530 mm breiten rechteckigen Blechtafel beträgt $0{,}4028\ m^2$.
Wie viel mm ist die Blechtafel lang?

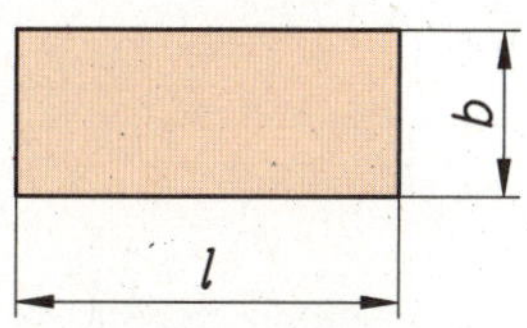

$A = l \cdot b$

Name	Klasse	Datum	Arbeit

Bildnachweis: Di Gaspare, Michele (Bild und Technik Agentur für technische Grafik und Visualisierung)

6. Aufgabe: Eine Abdeckplatte ($A = 16{,}74\ dm^2$) ist 620 mm lang. Welche Breite (mm) hat die Platte?

7. Aufgabe: Ermitteln Sie die Fläche (in mm^2) eines dreieckigen Stempels mit $l = 34$ mm und $b = 2{,}6$ cm.

8. Aufgabe: Der Kopf einer Schraube besitzt eine Schlüsselweite $s = 36$ mm und ein Eckmaß $e = 41{,}6$ mm. Berechnen Sie die Fläche des Schraubenkopfes in cm^2.

9. Aufgabe: Bestimmen Sie die Fläche (in dm^2) eines trapezförmigen Durchbruches.
$l_1 = 13{,}6$ cm, $l_2 = 87$ mm, $b = 6{,}2$ cm

Parallelogramm

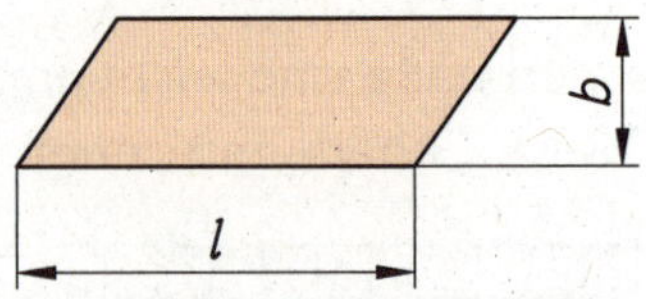

$$A = l \cdot b$$

Dreieck

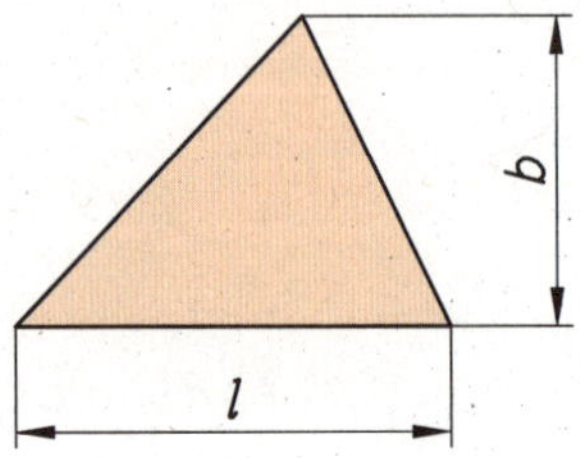

$$A = \frac{l \cdot b}{2}$$

Sechseck

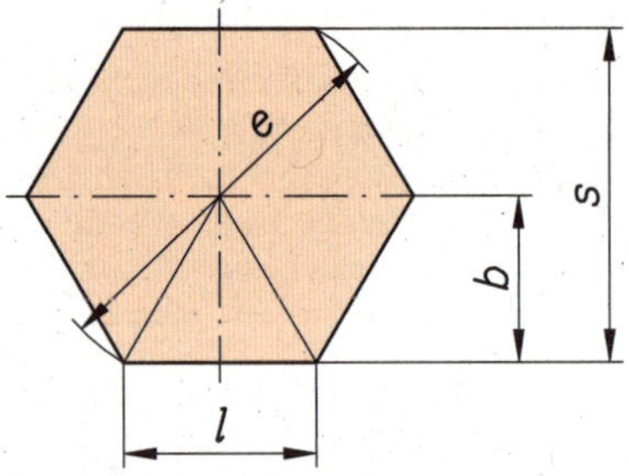

$$A = \frac{l \cdot b}{2} \cdot 6$$

oder: $A = 0{,}866 \cdot s^2$
$A = 0{,}65 \cdot e^2$
$e = 1{,}155 \cdot s$
$s = 0{,}866 \cdot e$

Trapez

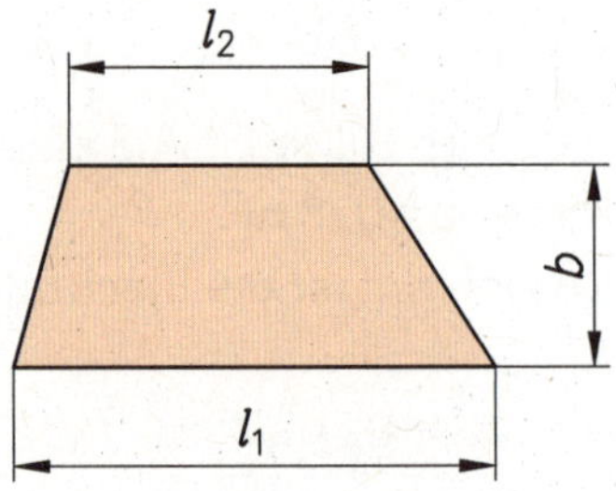

$$A = \frac{l_1 + l_2}{2} \cdot b$$

Bildnachweis: Di Gaspare, Michele (Bild und Technik Agentur für technische Grafik und Visualisierung)

Geradlinige Flächen II

Entwickeln Sie zur Lösung der Aufgaben eigene Ansätze aus den schon bekannten Formeln.

1. Aufgabe: Bestimmen Sie die Fläche des Rahmens in dm^2.

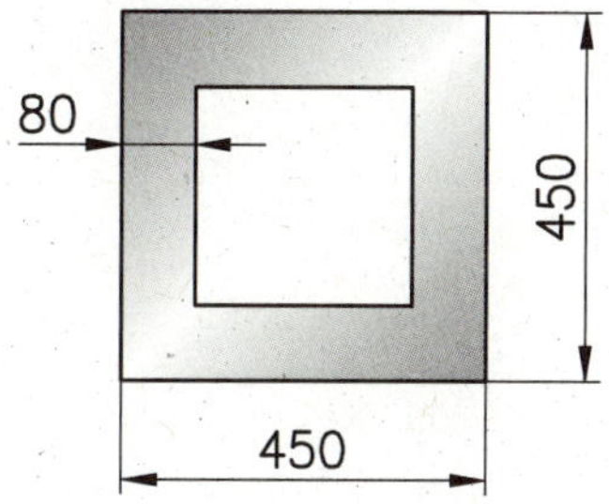

2. Aufgabe: Berechnen Sie den Querschnitt des T-Stahles in mm^2.

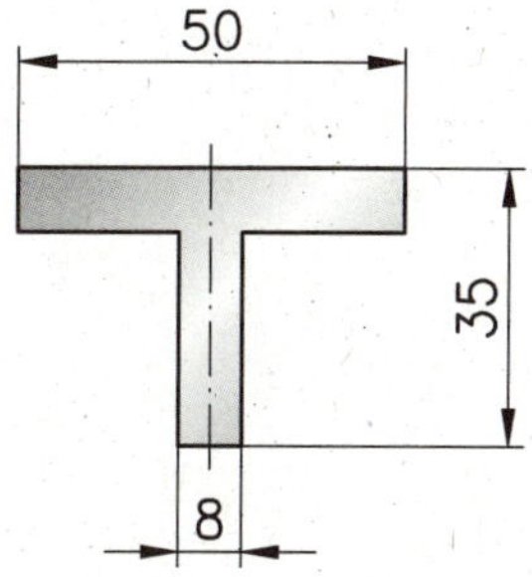

3. Aufgabe: Ermitteln Sie die Fläche des Bleches in m^2.

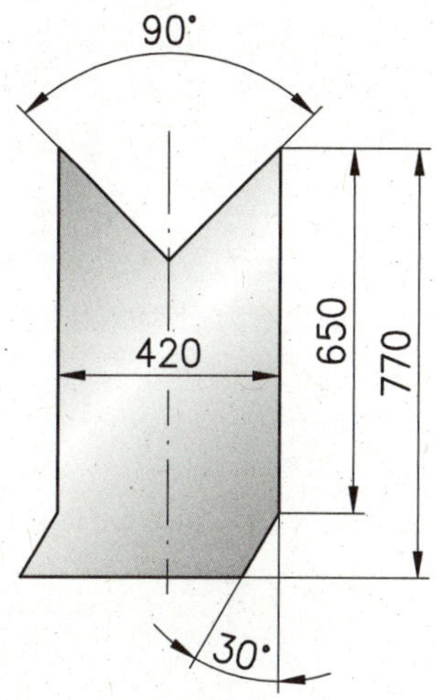

Name	Klasse	Datum	Arbeit

4. Aufgabe: Der Querschnitt des Sechskants ist in cm^2 zu berechnen.

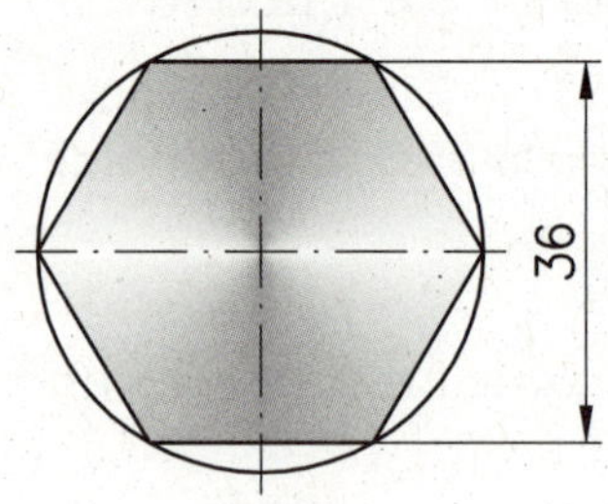

5. Aufgabe: Von dem Führungsstück ist die Fläche in cm^2 zu ermitteln.

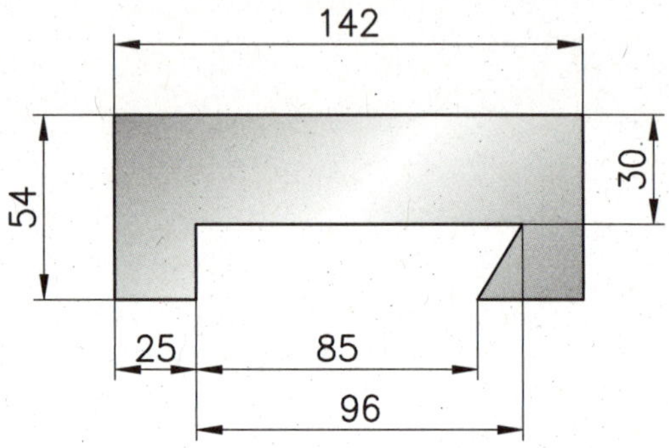

6. Aufgabe: Berechnen Sie:

a) die Fläche des Abdeckteiles in dm^2,

b) den Verschnitt in % (schraffierte Fläche).

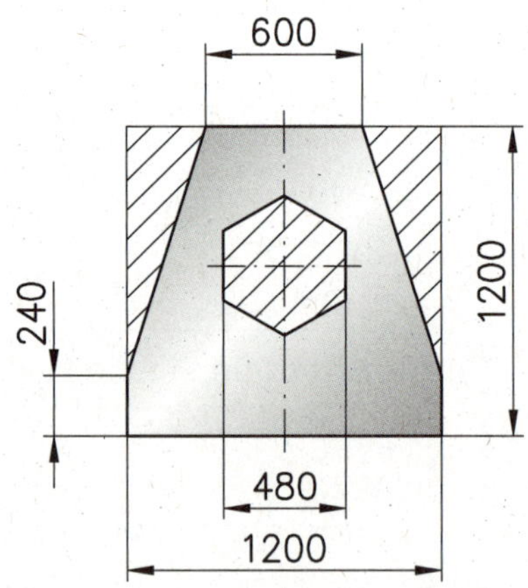

Bildnachweis: Di Gaspare, Michele (Bild und Technik Agentur für technische Grafik und Visualisierung)

Kreisförmige Flächen I

Kreis

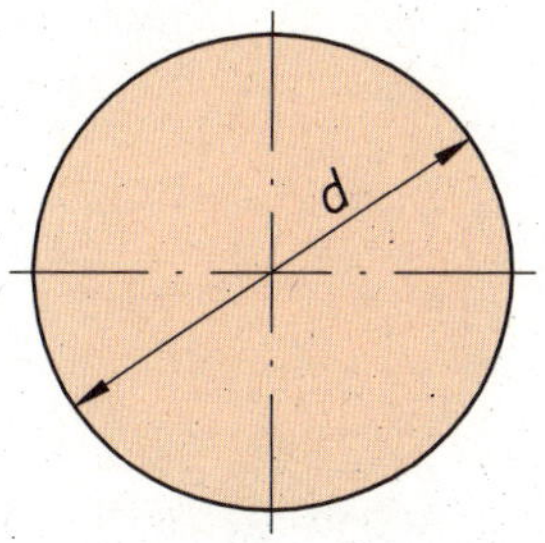

$$A = \frac{\pi \cdot d^2}{4}$$

1. Aufgabe: Welle, $d = 24$ mm
Gesucht: Querschnittsfläche in mm^2.
Schätzen Sie vorher das Ergebnis ab.

Kreisring

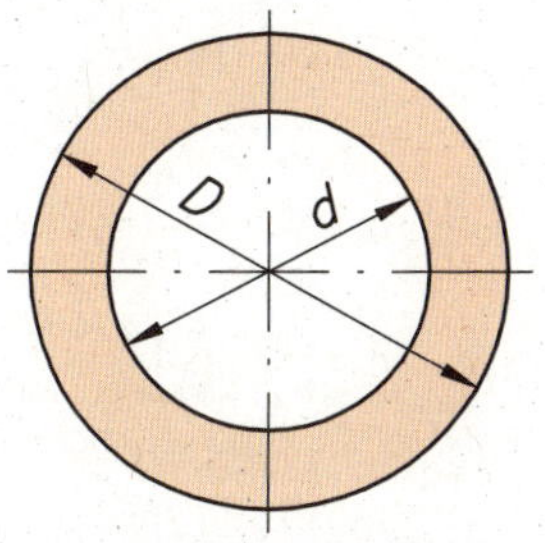

$$A = \frac{\pi}{4} \cdot (D^2 - d^2)$$

2. Aufgabe: Rohr, $D = 30$ mm, $d = 25$ mm
Gesucht: Querschnittsfläche in cm^2.

Kreisausschnitt

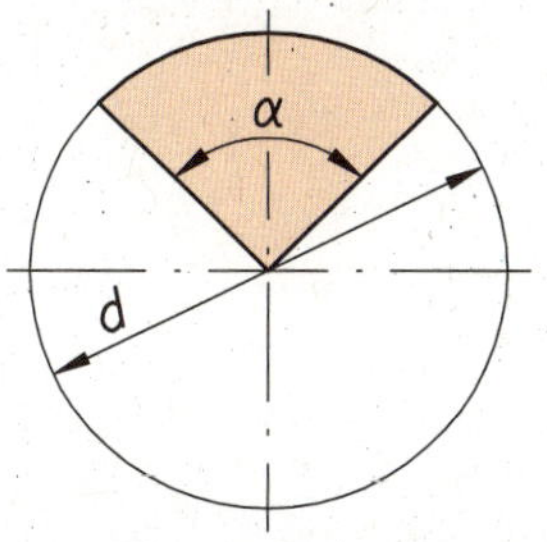

$$A = \frac{\pi \cdot d^2 \cdot \alpha}{4 \cdot 360°}$$

3. Aufgabe: Al-Blech, $d = 520$ mm, $\alpha = 75°$
Gesucht: Fläche in dm^2.

Name	Klasse	Datum	Arbeit

Kreisabschnitt

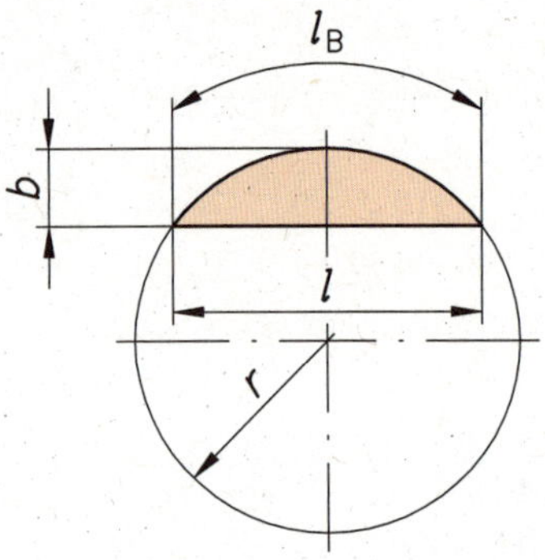

$$A \approx \frac{2}{3} \cdot l \cdot b$$

$$A = \frac{l_B \cdot r - l \cdot (r - b)}{2}$$

Kreisringausschnitt

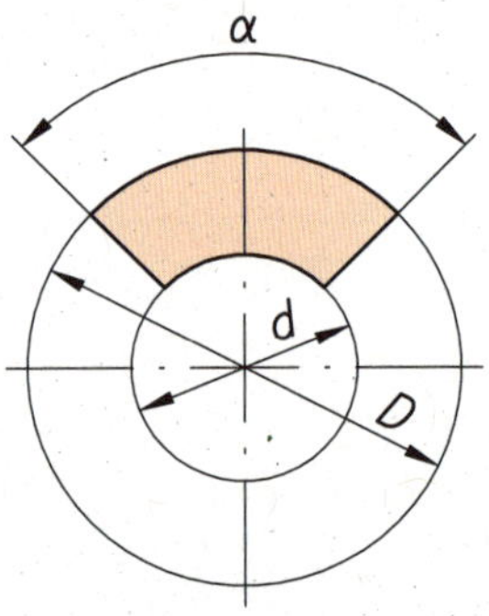

$$A = \frac{\pi}{4} \cdot (D^2 - d^2) \cdot \frac{\alpha}{360°}$$

Ellipse

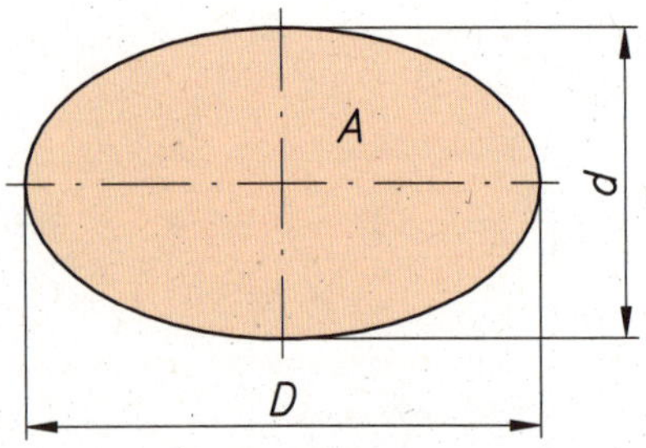

$$A = \frac{\pi \cdot D \cdot d}{4}$$

$$U \approx \pi \cdot \frac{D + d}{2}$$

4. Aufgabe: Scheibenfeder, $l = 18{,}5$ mm, $b = 7{,}5$ mm
Gesucht: Fläche in mm².

5. Aufgabe: Cu-Blech, $D = 280$ mm, $d = 130$ mm, $\alpha = 90°$
Gesucht: Fläche in dm².

6. Aufgabe: Öltank, $D = 1{,}8$ m, $d = 1{,}2$ m, Länge $l = 4{,}5$ m
Gesucht: a) Grundfläche, b) Mantelfläche.

Kreisförmige Flächen II

Entwickeln Sie zur Lösung der Aufgaben eigene Ansätze aus den schon bekannten Formeln.

1. Aufgabe: Berechnen Sie die Stirnfläche des Stempels in cm^2.

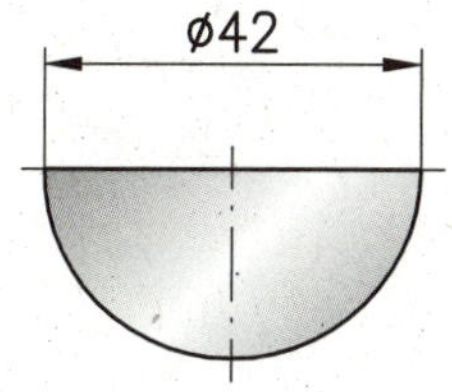

2. Aufgabe: Bestimmen Sie den Querschnitt der Lagerschale in mm^2.

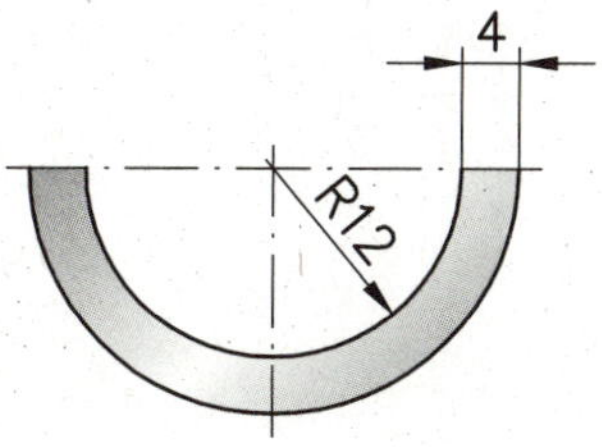

3. Aufgabe: Wie viel Stahlblech ist für die Stirnseite des Riemenschutzes notwendig?

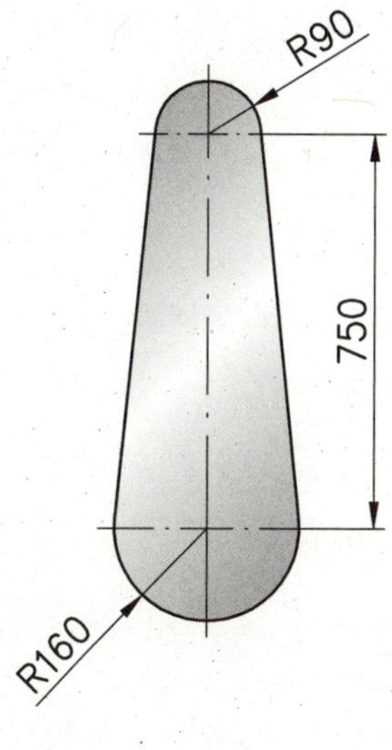

Name	Klasse	Datum	Arbeit

4. Aufgabe: Bestimmen Sie die Querschnittsfläche der abgeflachten Welle in cm^2.

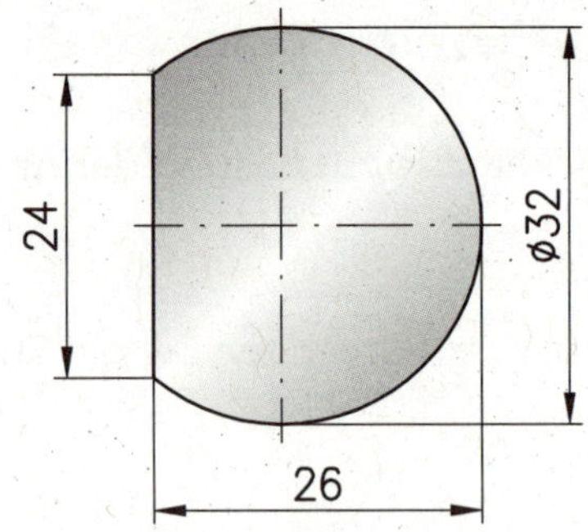

5. Aufgabe: Berechnen Sie den Blechbedarf für die Schutzscheibe in m^2.

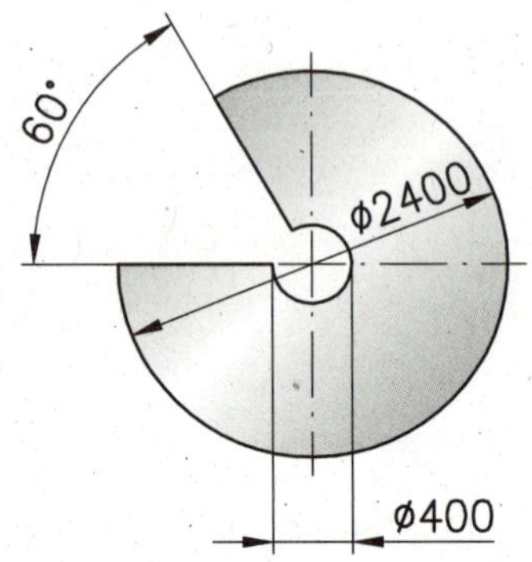

6. Aufgabe: Bestimmen Sie die Fläche:

a) des Steuerhebels in cm^2,

b) des Verschnittes in cm^2.

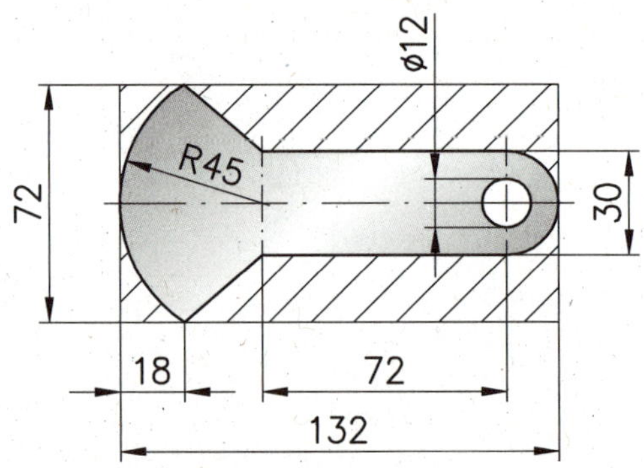

Bildnachweis: Di Gaspare, Michele (Bild und Technik Agentur für technische Grafik und Visualisierung)

Volumenberechnung I

Raummaße müssen häufig in die für die jeweilige Rechnung nötige Einheit umgewandelt werden.

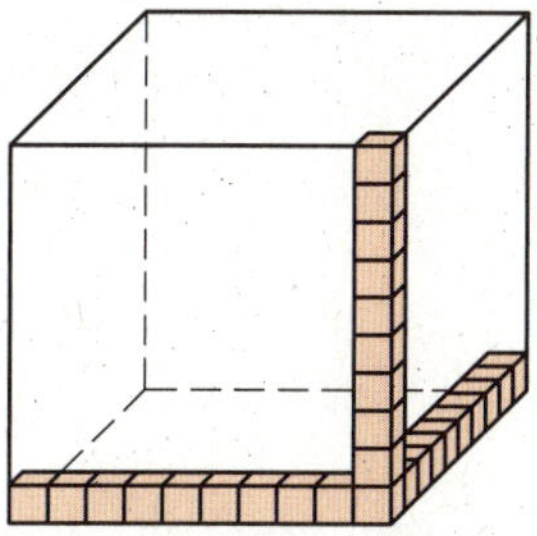

$1\ m^3 =$	$dm^3 =$	$cm^3 =$	mm^3
	$1\ dm^3 =$	$cm^3 =$	mm^3
		$1\ cm^3 =$	mm^3
$1\ mm^3 =$	$cm^3 =$	$dm^3 =$	m^3
	$1\ cm^3 =$	$dm^3 =$	m^3
		$1\ dm^3 =$	m^3

1 Liter = 1 dm^3
1 Hektoliter (hl) = 100 l

Umwandlungszahl bei Raummaßen ist 1 000.

1. Aufgabe: Wandeln Sie die gegebenen Raummaße in cm^3 um.

a) $155\ mm^3$ = b) $0{,}071\ m^3$ =

c) $0{,}0046\ m^3$ = d) $3\,470\ mm^3$ =

2. Aufgabe: Geben Sie die folgenden Raummaße in m^3 an.

a) $7\,840\ dm^3$ = b) $1\,740\,000\ mm^3$ =

c) $560\,000\ mm^3$ = d) $1\,150\,000\ cm^3$ =

3. Aufgabe: Berechnen Sie das Volumen (in mm^3) eines Würfels mit der Seitenlänge $l = 28$ mm.

Würfel

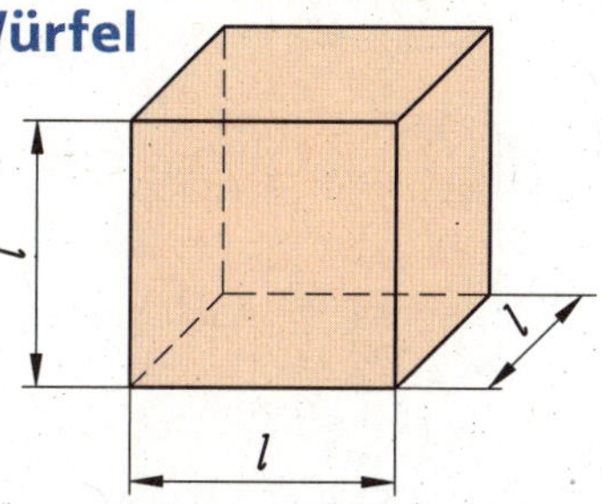

$$V = l \cdot l \cdot l = l^3$$

4. Aufgabe: Ein Prisma hat die Maße $l = 25$ mm, $b = 12$ mm, $h = 125$ mm.
Ermitteln Sie sein Volumen in cm^3.

Prisma

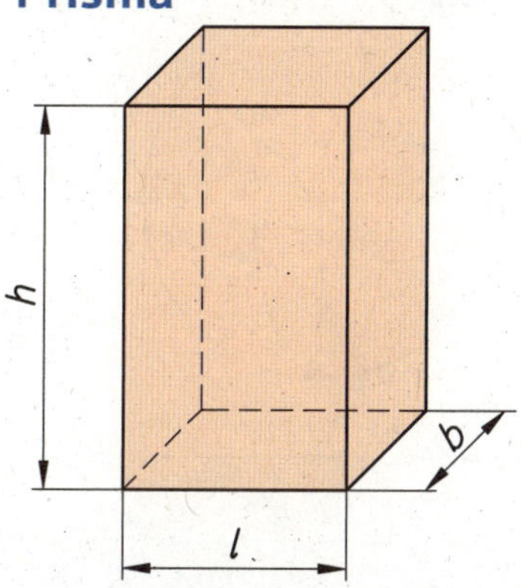

$$V = l \cdot b \cdot h$$

Name	Klasse	Datum	Arbeit

Zylinder

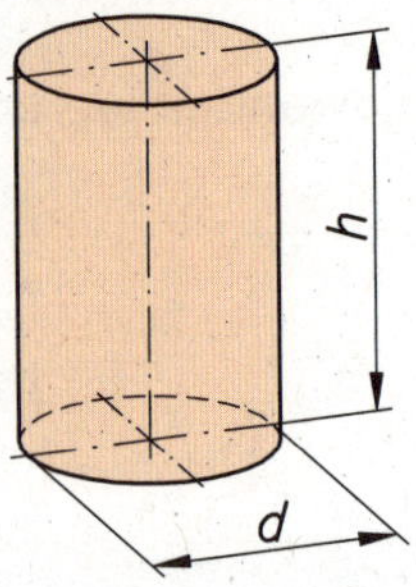

$$V = \frac{\pi \cdot d^2}{4} \cdot h$$

Mantelfläche

$$A = \pi \cdot d \cdot h$$

5. Aufgabe: a) Zylinder bei einem Kfz-Motor
Bohrung 80 mm Durchmesser, Hub $h = 74$ mm
Gesucht: Hubraum bei 4 Zylindern in cm^3.

b) Berechnen Sie den Blechbedarf in m^2 für eine Tonne von 600 mm Durchmesser und 1 m Höhe (ohne Deckel).

Hohlzylinder

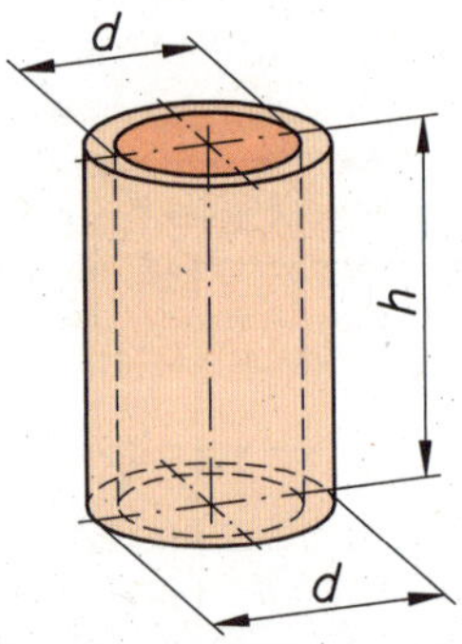

$$V = \frac{\pi}{4} \cdot (D^2 - d^2) \cdot h$$

6. Aufgabe: Kupferrohr
Außendurchmesser 30 mm, Wanddicke 2,5 mm, Länge 4,5 m
Gesucht: Volumen in dm^3.

Kugel

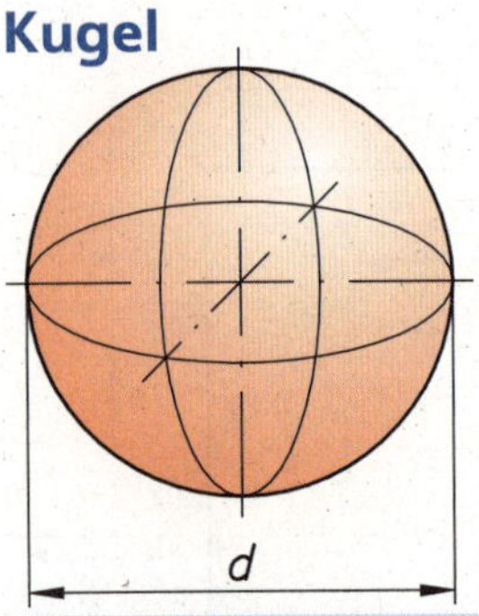

$$V = \frac{\pi \cdot d^3}{6}$$

Kugeloberfläche

$$A_0 = \pi \cdot d^2$$

7. Aufgabe: Ein kugelförmiges Gefäß hat einen Durchmesser von 360 mm.
Gesucht: a) Inhalt in *l*,
b) Kugeloberfläche in dm^2.

Volumenberechnung II

Keil

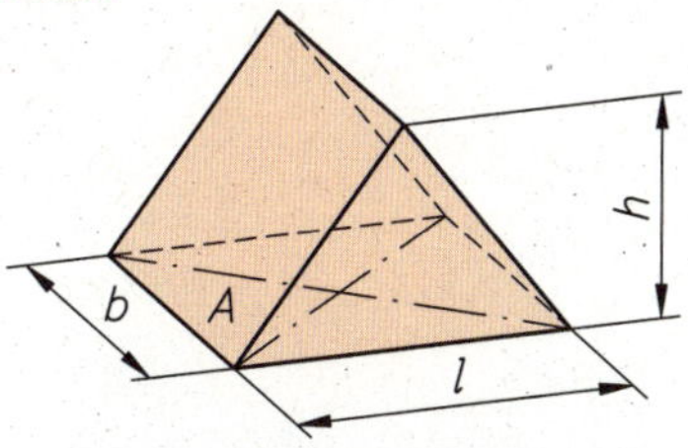

$$V = \frac{A \cdot h}{2}$$

1. Aufgabe: $l = 16$ mm, $b = 50$ mm, $h = 125$ mm
Gesucht: Rauminhalt in mm^3.

Pyramide

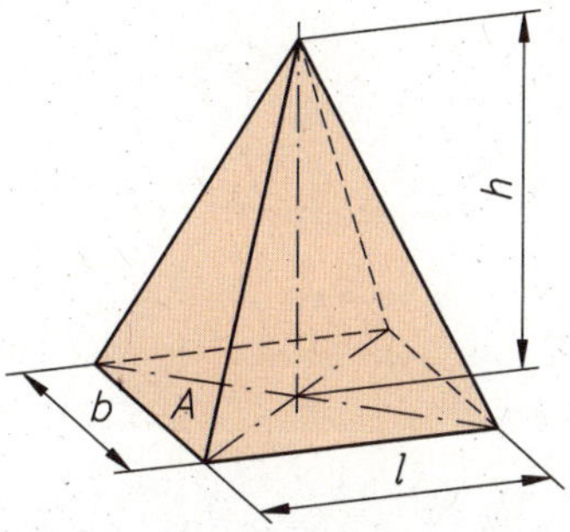

$$V = \frac{A \cdot h}{3}$$

2. Aufgabe: $l = 72$ mm, $b = 46$ mm, $h = 95$ mm
Gesucht: Rauminhalt in cm^3.

Kegel

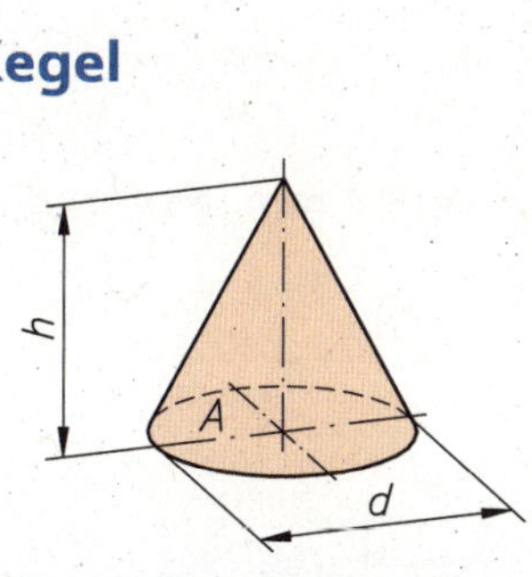

$$V = \frac{A \cdot h}{3}$$

3. Aufgabe: $d = 360$ mm, $h = 530$ mm
Gesucht: Volumen in dm^3.

Name	Klasse	Datum	Arbeit

Pyramidenstumpf

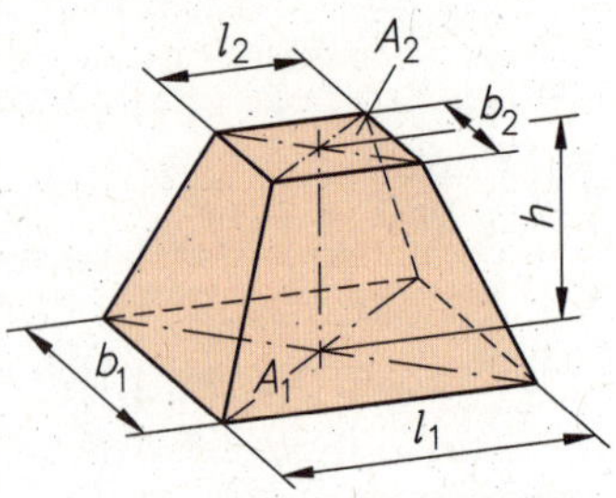

$$V \approx \frac{A_1 + A_2}{2} \cdot h$$

$$V = \frac{h}{3} \cdot (A_1 + A_2 + \sqrt{A_1 \cdot A_2})$$

4. Aufgabe: $l_1 = 47$ mm, $b_1 = 32$ mm, $l_2 = 28$ mm, $b_2 = 20$ mm, $h = 65$ mm
Gesucht: Volumen in cm^3.

Kegelstumpf

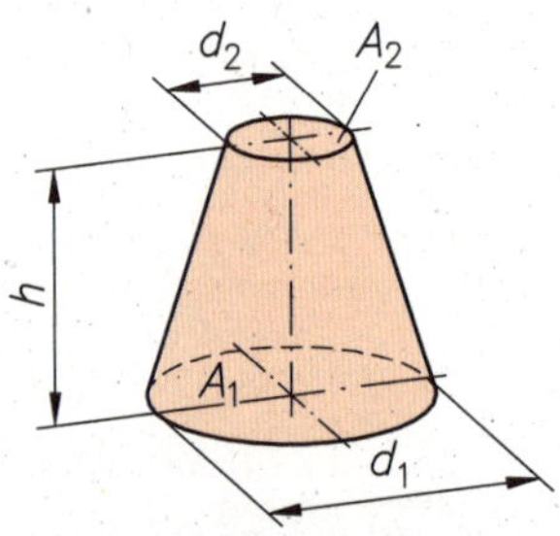

$$V \approx \frac{A_1 + A_2}{2} \cdot h$$

$$V = \frac{\pi \cdot h}{12} \cdot (D^2 + d^2 + D \cdot d)$$

5. Aufgabe: $D = 1\,500$ mm, $d = 160$ mm, $h = 1\,800$ mm
Gesucht: Volumen in m^3.

Ringkörper

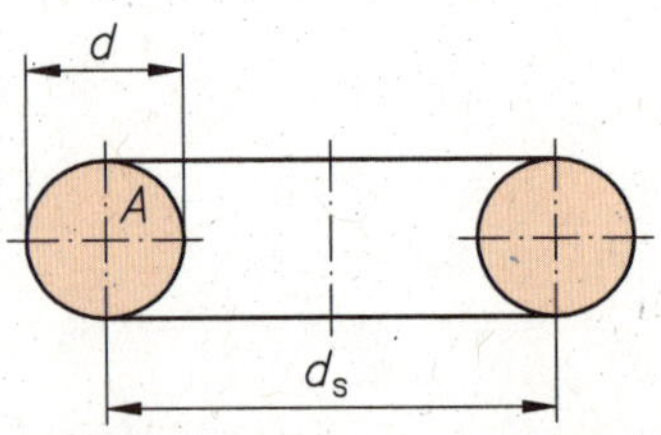

Volumen = Weg des Schwerpunktes · Querschnitt

$$V = \pi \cdot d_s \cdot A$$

6. Aufgabe: Spannring, Außendurchmesser 64 mm, Materialdicke 8 mm.
Gesucht: Volumen in cm^3.

Masseberechnung I

Masse ist ein Maß für die in einem Körper enthaltene Materie. Sie kann mit einer Balkenwaage bestimmt werden. Die Größe der Masse ist abhängig vom Volumen und der Dichte eines Körpers.

Masse = Volumen · Dichte

$$m = V \cdot \varrho$$

m Masse

V Volumen

ϱ Dichte (Rho)

Einheiten: mg g **kg** t

1 t = kg = g

1 kg = g

1 g = mg

Die Dichte eines Stoffes ist das Verhältnis von Masse zu Volumen. Sie ist eine vom Ort unabhängige Größe. Die Dichten der wichtigsten Werkstoffe können Tabellen entnommen werden.

Einheiten: $\frac{\text{g}}{\text{cm}^3}$ $\frac{\text{kg}}{\text{dm}^3}$ $\frac{\text{t}}{\text{m}^3}$

Dichte = $\frac{\textbf{Masse}}{\textbf{Volumen}}$

$$\varrho = \frac{m}{V}$$

1. Aufgabe: Wandeln Sie die Einheiten um.

a) 6,5 kg = g b) 35 g = kg c) 1,4 t = kg

d) 2 730 kg = t e) 0,5 g = mg f) 680 mg = g

2. Aufgabe: Berechnen Sie die Dichte der folgenden Werkstoffe:

a) Grauguss: $m = 12{,}4$ kg, $V = 1{,}71$ dm³

b) Kupfer: $m = 5{,}6$ kg, $V = 625$ cm³

3. Aufgabe: Ermitteln Sie die Dichte der gegebenen Werkstoffe mithilfe von Dichte-Tabellen. Verwenden Sie dazu Ihr Tabellenbuch.

Stoff	St	Al	Pb	Mn	Zn	W	PVC	Maschinenöl
***Dichte* ϱ *in* $\frac{\textbf{kg}}{\textbf{dm}^3}$**								

4. Aufgabe: Berechnen Sie die Masse des Stempels aus Stahl ($\varrho = 7{,}8$ kg/dm³).

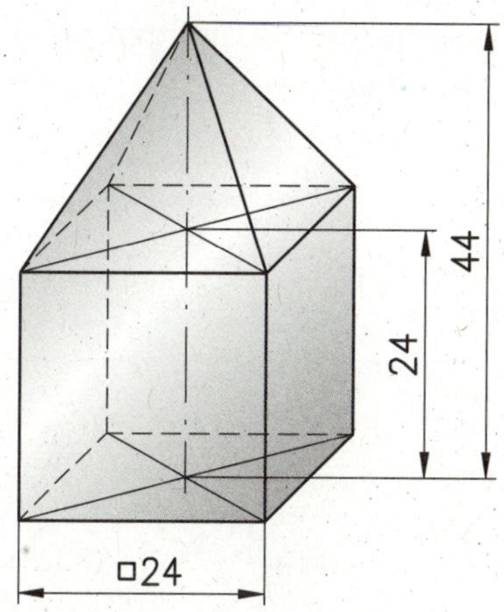

Name	Klasse	Datum	Arbeit

5. Aufgabe: Der Träger hat eine Länge von 4 m. Berechnen Sie seine Masse ($\varrho = 7{,}8\ \text{kg/dm}^3$).

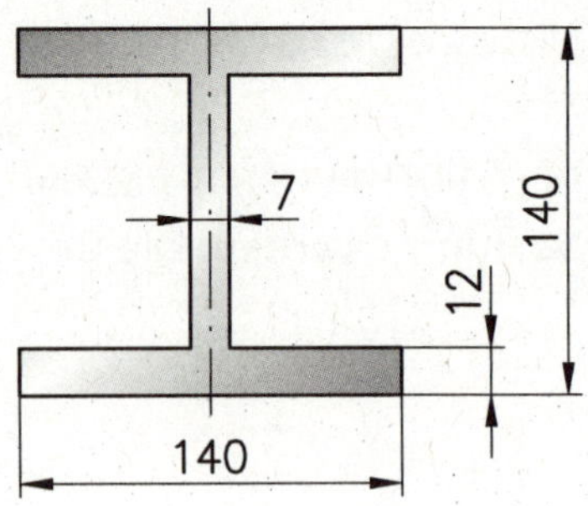

6. Aufgabe: Wie viel kg wiegt die Sechskantstange aus Aluminium ($\varrho = 2{,}7\ \text{kg/dm}^3$)?

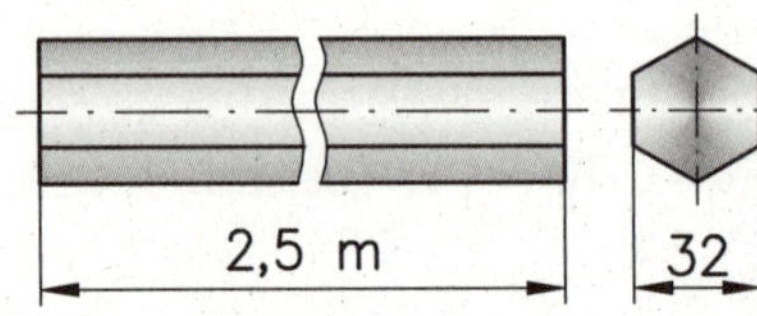

7. Aufgabe: Welche Masse hat das Altöl in der Blechtonne ($\varrho = 0{,}9\ \text{kg/dm}^3$)?

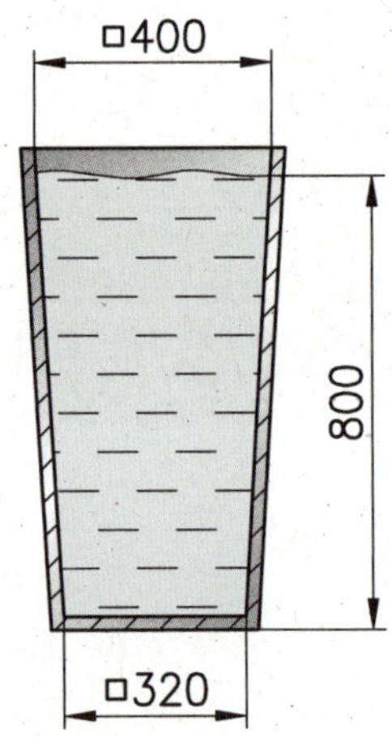

8. Aufgabe: Bestimmen Sie die Masse des Spitzstöckels ($\varrho = 7{,}8\ \text{kg/dm}^3$).

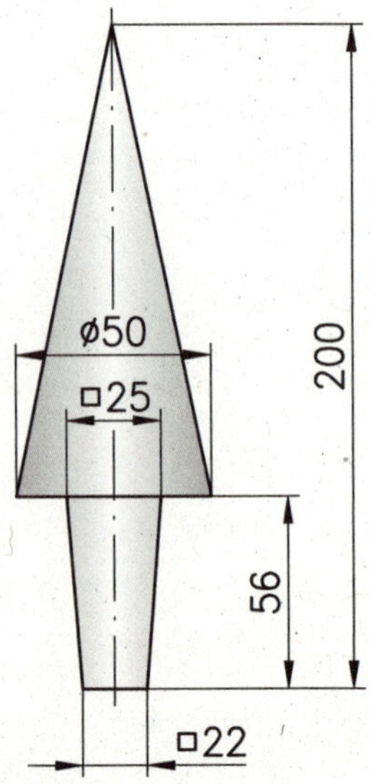

Masseberechnung II

Entwickeln Sie zur Lösung der Aufgaben eigene Ansätze aus den schon bekannten Formeln.

1. Aufgabe: Ermitteln Sie die Masse des Kolbenbolzens ($\varrho = 7{,}8$ kg/dm³).

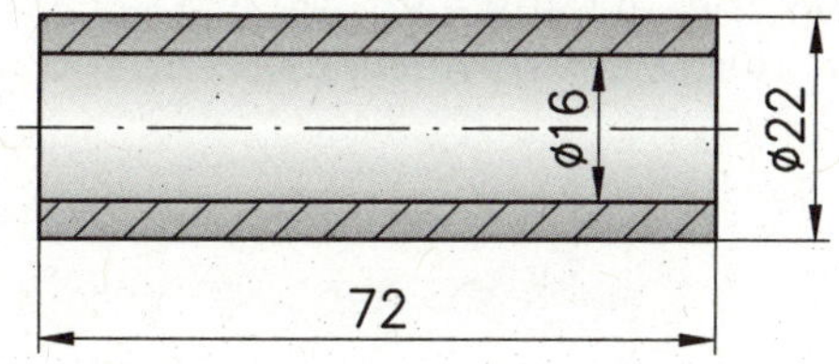

2. Aufgabe: Ermitteln Sie die Masse des Kupfersegments ($\varrho = 8{,}9$ kg/dm³).

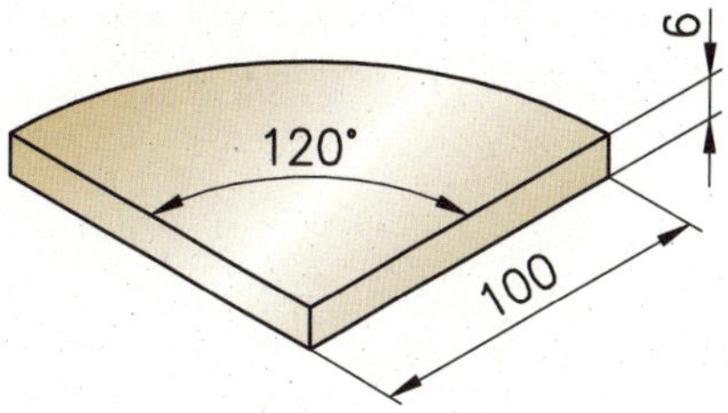

3. Aufgabe: Die abgebildete Lagerbüchse besteht aus einer Kupfer-Zink-Legierung. Wie groß ist ihre Masse, wenn die Dichte $\varrho = 8{,}5$ kg/dm³ beträgt?

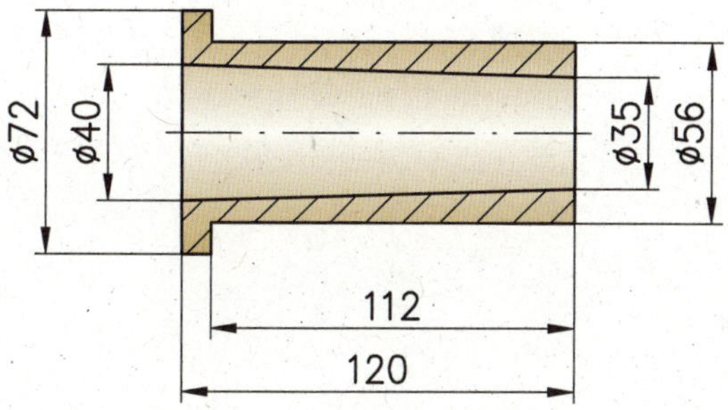

Name	Klasse	Datum	Arbeit

Gewichtskraft

Die Gewichtskraft eines Körpers kann man berechnen aus seiner Masse und der örtlich wirksamen Fallbeschleunigung. Unter der Fallbeschleunigung versteht man die Zunahme der Fallgeschwindigkeit je Sekunde, die ein frei fallender Körper durch die Erdanziehung erfährt. Für unsere Breiten wurde als Normwert 9,81 m/s² festgelegt. In der Technik rechnet man meist mit $g \approx 10\ \text{m/s}^2$.

Gewichtskraft [N] = Masse [kg] · Fallbeschleunigung [m/s²]

Einheiten: mN **N** daN kN MN

$1\ \text{kg} \cdot 10\,\frac{\text{m}}{\text{s}^2} = 10\,\frac{\text{kgm}}{\text{s}^2} = 10\ \text{N}$ $F_G = m \cdot g$ [N] $1\ \text{N} = 1\ \text{kg} \cdot 1\,\frac{\text{m}}{\text{s}^2}$

1. Aufgabe: Auf der Hebebühne einer Kfz-Werkstatt befindet sich ein Pkw mit einer Masse von 950 kg. Mit welcher Gewichtskraft drückt der Pkw auf die Hebebühne ($g = 10\ \text{m/s}^2$)?

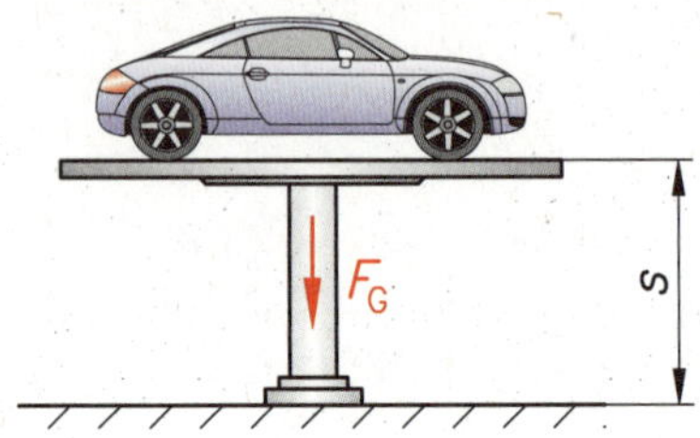

2. Aufgabe: Am Drahtseil eines Werkstattkranes hängt eine Maschine. Die Maschine zieht an dem Seil mit einer Kraft von 1 675 N. Welche Masse hat die Maschine?

3. Aufgabe: Mit einer Metallbandsäge wird ein Rundstahl ($d = 24$ mm, $l = 2{,}30$ m, $g = 10\ \text{m/s}^2$, $\varrho = 7{,}8\ \text{kg/dm}^3$) abgesägt.
Ermitteln Sie a) das Volumen, b) die Masse und c) die Gewichtskraft des Rundstahles.

4. Aufgabe: Ermitteln Sie die Gewichtskraft des abgebildeten Werkstückes aus Stahl.

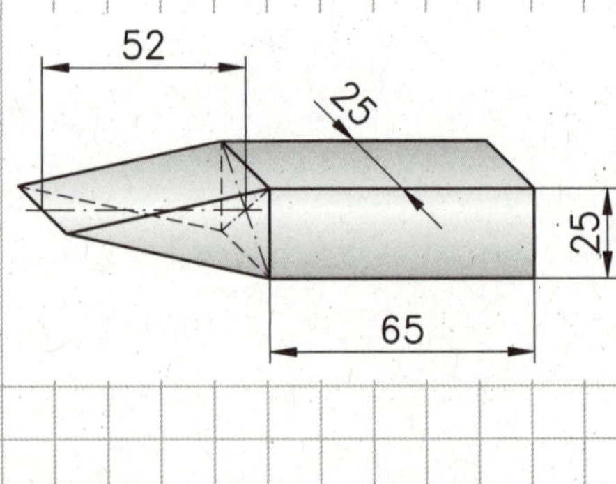

Kräfte

Eine Kraft ist durch **Angriffspunkt**, **Größe** und **Richtung** bestimmt. Sie wird durch eine Pfeilstrecke dargestellt. Durch die Länge der Pfeilstrecke kann mithilfe eines Kräftemaßstabes die Größe der Kraft angegeben werden. Die Richtung des Pfeiles entspricht der Wirkungsrichtung der Kraft.

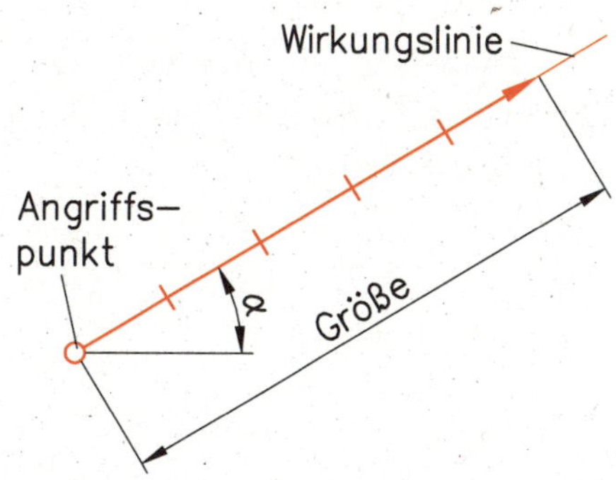

Kräfte, die in gleicher Richtung wirken, werden zur Ermittlung der Ersatzkraft (Resultierende) zusammengezählt.

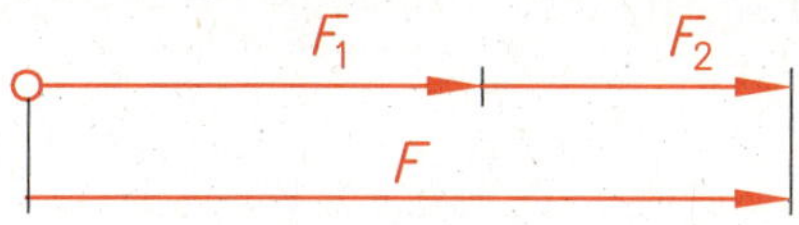

$$F = F_1 + F_2$$

Kräfte, die in entgegengesetzter Richtung wirken, werden zur Ermittlung der Ersatzkraft voneinander abgezogen.

$$F = F_1 - F_2$$

Greifen zwei Kräfte in verschiedenen Richtungen an, so bestimmt man die Ersatzkraft mithilfe des Kräfteparallelogramms.

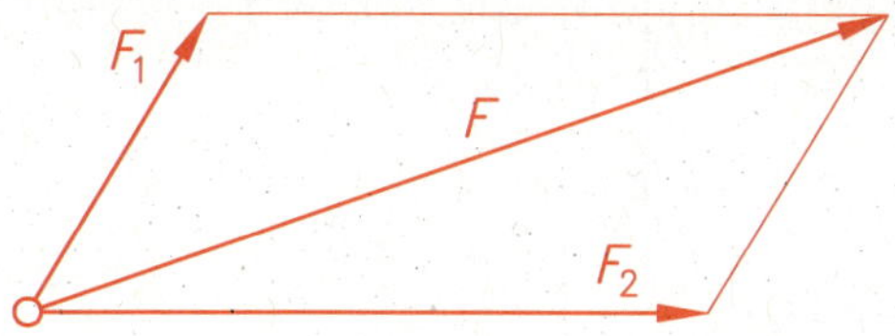

Jede Kraft kann bei bekannten Wirkungslinien in Teilkräfte zerlegt werden.

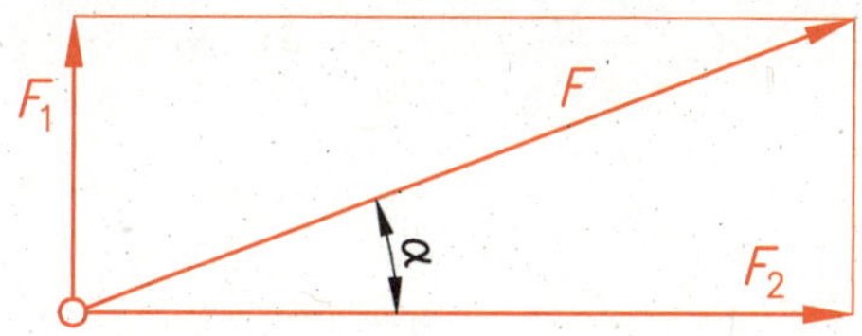

1. Aufgabe: Zwei Mechaniker bewegen einen Motor auf einer Stahlunterlage. Die Zugkraft des einen beträgt 320 N, die Schiebekraft des anderen 250 N. Ermitteln Sie rechnerisch und zeichnerisch die Ersatzkraft. (Kräftemaßstab: 1 cm ≙ 100 N)

2. Aufgabe: Ein Pkw hat eine Antriebskraft von 1 800 N. Wie viel Kraft bleibt für die Beschleunigung übrig, wenn der Rollwiderstand 150 N und der Steigungswiderstand 900 N betragen? (1 cm ≙ 300 N)

Name	Klasse	Datum	Arbeit

3. Aufgabe: Bei einem Kettentrieb beträgt die Kettenzugkraft je 120 N. Bestimmen Sie zeichnerisch und rechnerisch die Größe der Ersatzkraft. (1 cm ≙ 30 N)

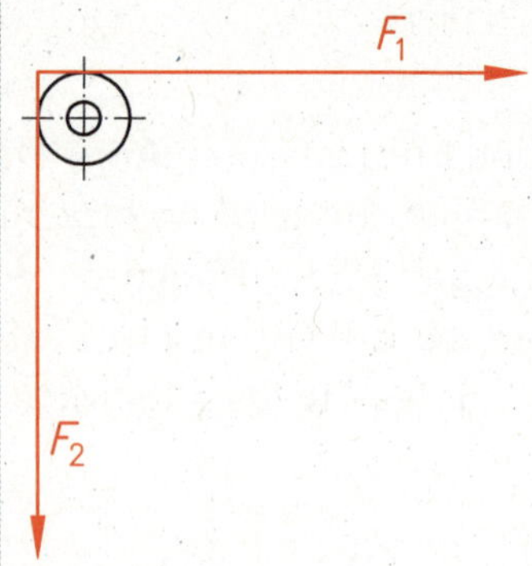

4. Aufgabe: Zwei Auszubildende ziehen einen beladenen Handwagen unter einem Winkel von 30° mit den Zugkräften $F_1 = 200$ N und $F_2 = 300$ N. Mit welcher Kraft müsste einer den Wagen ziehen? (1 cm ≙ 50 N)

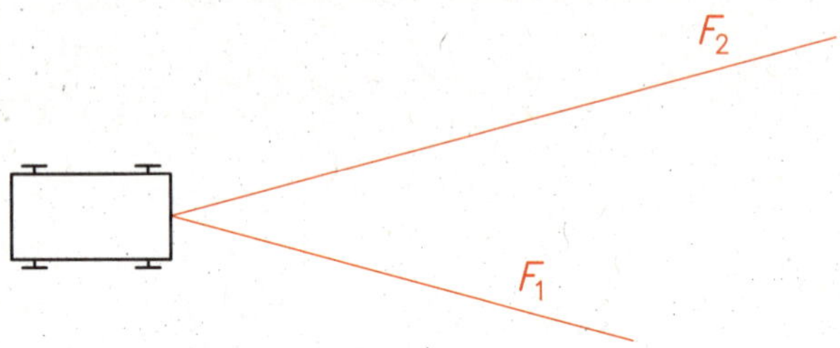

5. Aufgabe: An dem skizzierten Dreiecksträger hängt eine Maschine mit einer Gewichtskraft von 5000 N. Ermitteln Sie zeichnerisch die Kräfte in den Punkten A und B. (1 cm ≙ 2500 N)

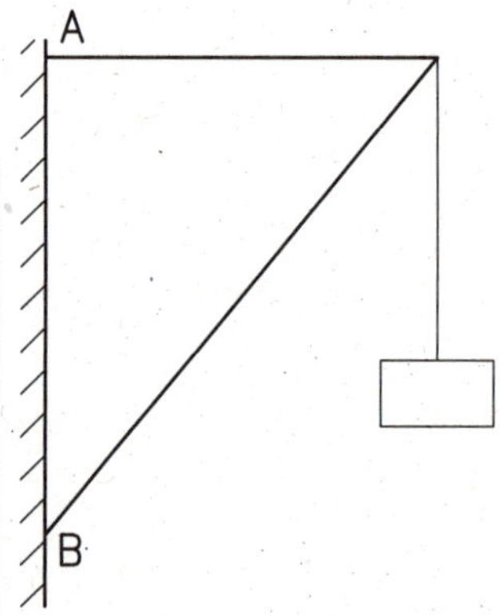

6. Aufgabe: Kisten mit Ersatzteilen von 1 000 kg Gewicht werden verladen. Welche Seilkräfte ergeben sich bei den Spreizwinkeln $\alpha = 90°$ und $\alpha = 120°$? (1 cm ≙ 5000 N)

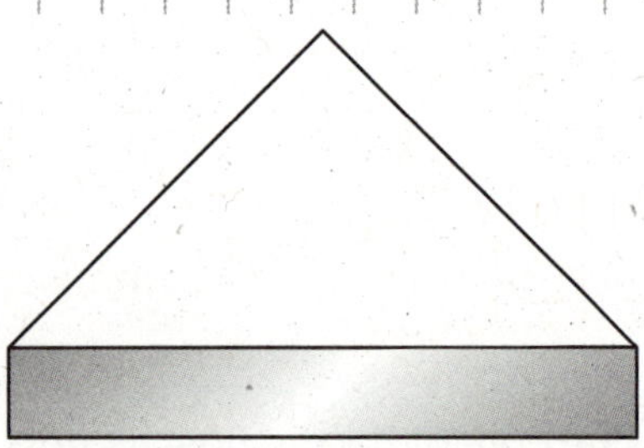

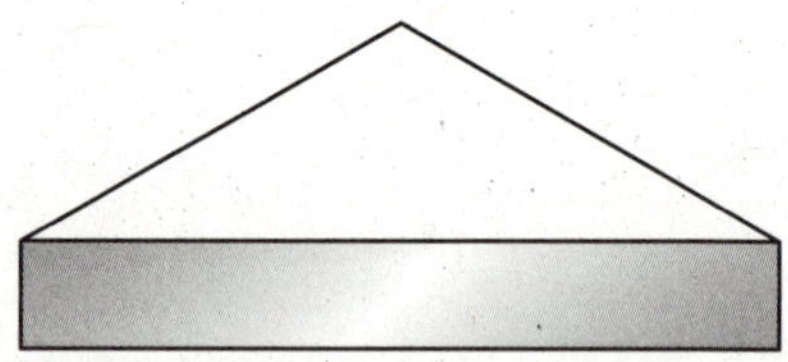

7. Aufgabe: An den zwei Masten sind Drähte unter verschiedenen Winkeln gespannt. Bestimmen Sie grafisch die Ersatzkräfte: (1 cm ≙ 100 N)

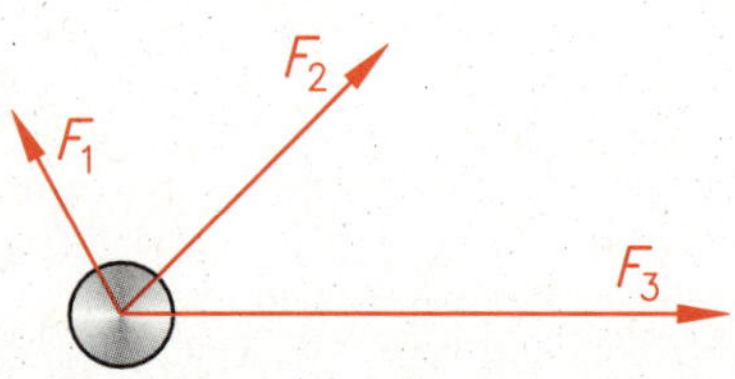

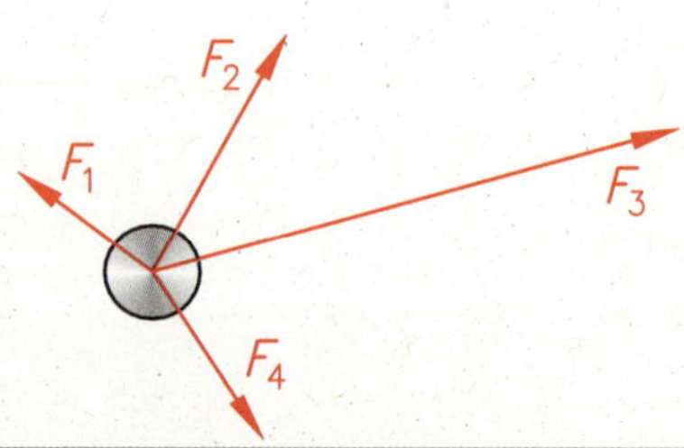

Schiefe Ebene

Unter einer schiefen Ebene versteht man jede gegen die Waagrechte geneigte Ebene. Die schiefe Ebene ermöglicht es, Kraft auf Kosten des Weges zu sparen. Dabei ist die Fortbewegungsarbeit gleich der Hubarbeit.

Kraft · Kraftweg = Gewichtskraft · Hubhöhe

Schubarbeit = Hubarbeit

$$F \cdot s = F_G \cdot h$$

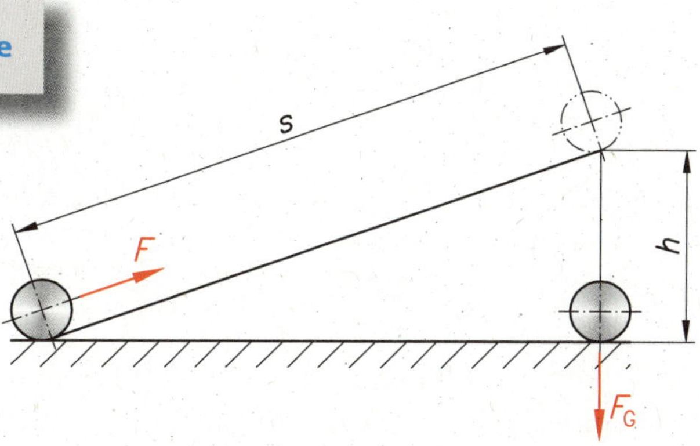

1. Aufgabe: Eine Stahlrolle soll mithilfe einer schiefen Ebene einen Höhenunterschied von 0,5 m überwinden. Gewichtskraft $F_G = 4\,200$ N, Kraftweg s = 2,8 m.
Welche Kraft F ist erforderlich?

2. Aufgabe: Eine Maschine mit 384 kg wird verladen und dabei auf eine Höhe von 1,36 m gerollt.
Die schiefe Ebene ist 4,8 m lang.
Wie groß ist die aufzuwendende Kraft?

3. Aufgabe: Um ein Maschinengestell auf einem Schrägaufzug zu befördern, ist eine Zugkraft von 5 300 N notwendig.
Wie lang ist demnach die Förderstrecke?

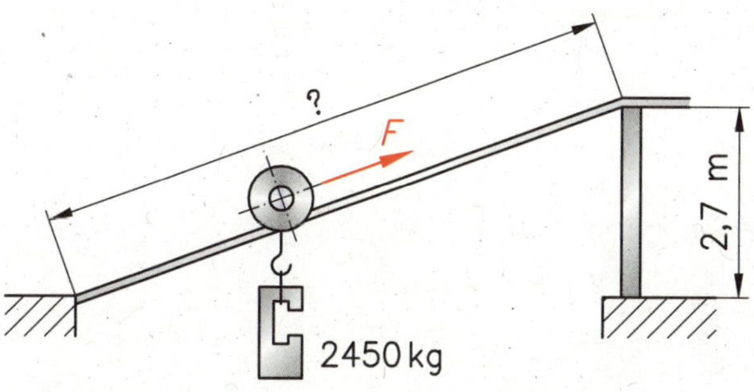

Name	Klasse	Datum	Arbeit

4. Aufgabe: Ein Wagen mit dem Gesamtgewicht von 432 kg fördert Zahnräder auf eine Höhe von 6,8 m. Welche Zugkraft ist erforderlich, wenn die Stahlschienen eine Länge von 18,5 m haben und für Reibung 12 % Kraftverlust angenommen werden?

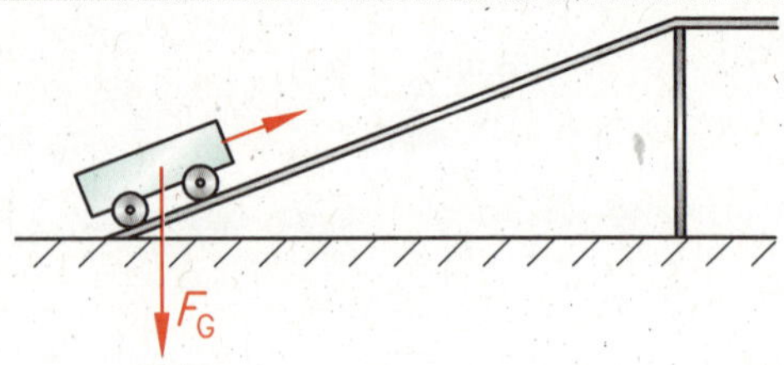

5. Aufgabe: Der Bandförderer benötigt für den Transport eines Verbrennungsmotors von 180 kg eine Förderkraft von 540 N. Welche Steigungshöhe wird überwunden? (Reibung bleibt unberücksichtigt)

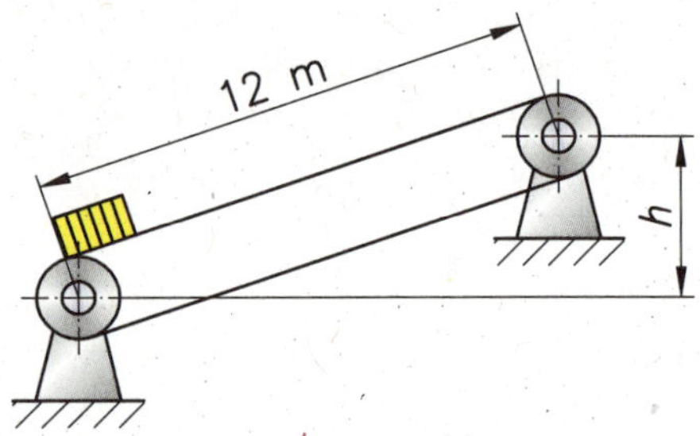

6. Aufgabe: Ein Pkw mit einem Gewicht von 1 150 kg befindet sich auf einer Straße mit einer Steigung von 1 : 20.

a) Welche Höhe wird nach der Fahrstrecke laut Zeichnung überwunden?

b) Wie groß ist die Hangabtriebskraft F_H?

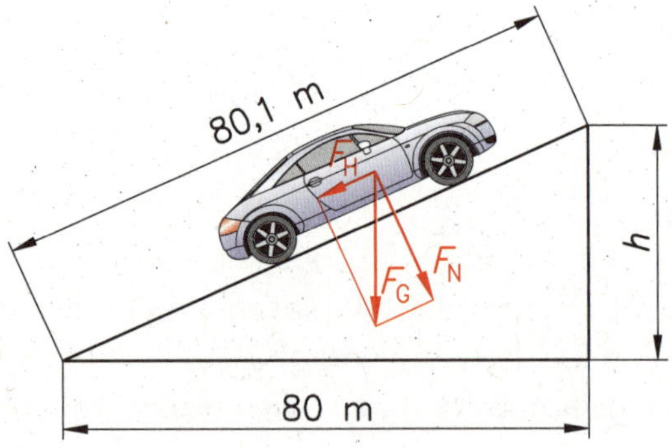

7. Aufgabe: Wie groß ist die Kraft F_G bei einem Winkel α von 15° bzw. 30°?

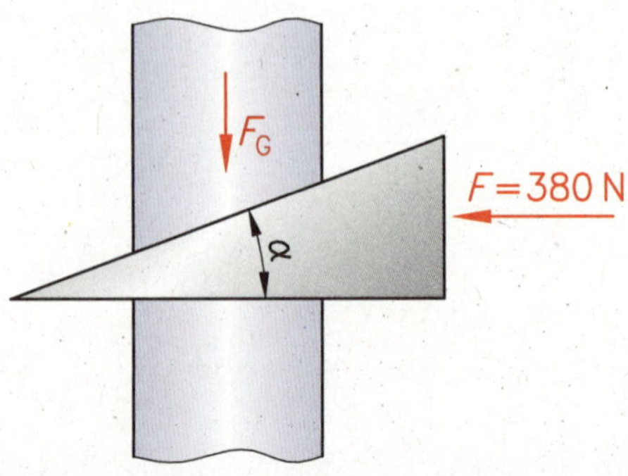

Anwendung der schiefen Ebene auf die Schraube

Legt man eine schiefe Ebene um einen Zylinder, so entsteht eine Schraubenlinie. Beim Anziehen der Schraube tritt in der Schraubenachse eine Zug- bzw. Druckkraft auf.

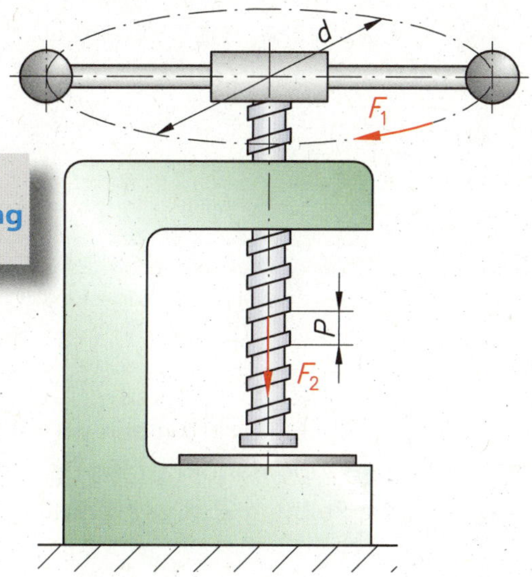

Kraft · Kraftweg = Kraft in der Schraubenachse · Gewindesteigung

Dreharbeit = Hubarbeit

$$F_1 \cdot \pi \cdot d = F_2 \cdot P$$

F_1	Handkraft
$\pi \cdot d$	Kraftweg
F_2	Kraft in der Schraubenachse
P	Gewindesteigung

1. Aufgabe: Spindelpresse, Gewindesteigung $P = 8$ mm, Hebelarm $d = 520$ mm, Handkraft $F_1 = 120$ N
Gesucht: Theoretische Kraft in der Schraubenachse F_2 (Presskraft).

2. Aufgabe: Ein Parallelschraubstock hat eine Gewindespindel Tr 24 · 5 und einen Hebelarm von 270 mm Länge. Mit einer Kraft von 180 N wird zugedreht.
Welche Spannkraft errechnet sich, wenn die Reibung unberücksichtigt bleibt?

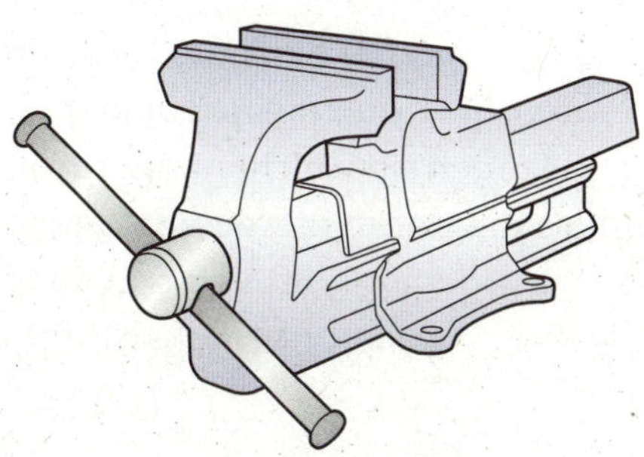

Name	Klasse	Datum	Arbeit

3. Aufgabe: Ein Zahnrad wird von einer Welle abgezogen. Wie groß ist der Kraftaufwand am Hebelarm der Abziehvorrichtung, wenn die Abzugskraft 14,5 kN beträgt?

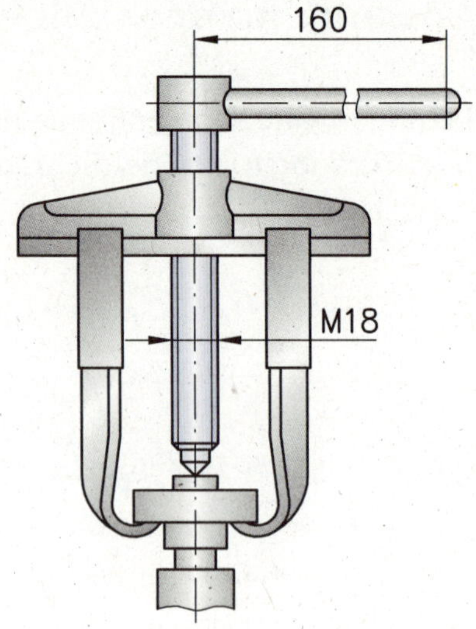

4. Aufgabe: Ein Lastkraftwagen wird einseitig angehoben. Wie groß muss die Handkraft bei der Schraubenwinde sein, wenn für die Reibung 25 % Kraftverlust anzunehmen sind?

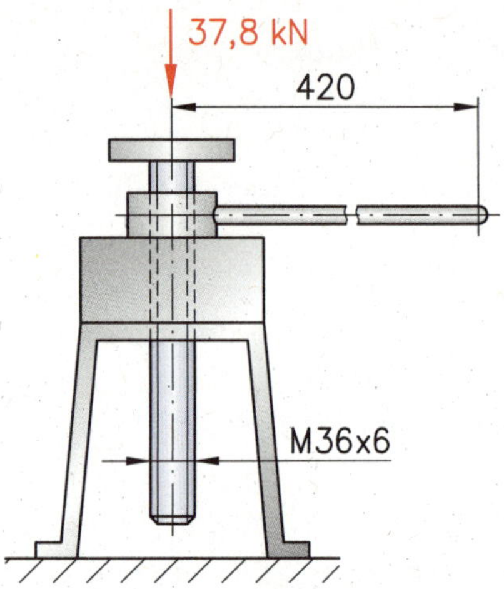

5. Aufgabe: Eine Schraube M 8 (Gewindesteigung 1,25 mm) soll mit einem Drehmoment von 20 Nm angezogen werden. Der Schlüssel hat eine wirksame Hebellänge von 160 mm.

Berechnen Sie: a) die Handkraft,

b) die theoretische Kraft in der Schraubenachse.

6. Aufgabe: Bei einer Schraubverbindung wird die Mutter M 12 durch eine Handkraft von 100 N angezogen. In welchem Abstand vom Drehpunkt muss die Handkraft wirken, um in der Schraubenachse eine Zugkraft von 64,6 kN zu erzeugen? (Reibung bleibt unberücksichtigt)

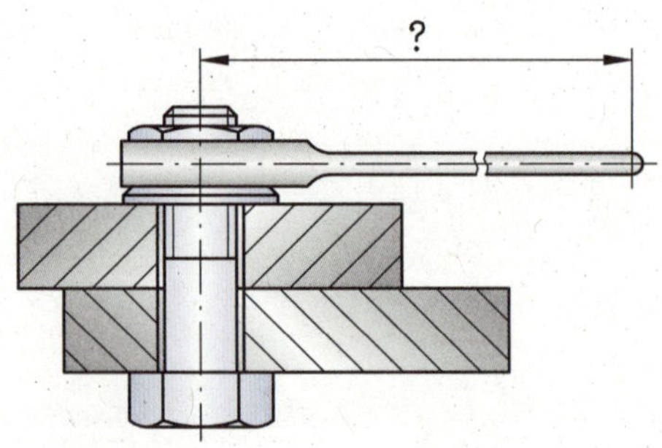

Keil

Der Keil ist eine besondere Art der schiefen Ebene.
Die Kraft F_1 wirkt hier parallel zur Grundfläche.

Daraus ergeben sich folgende Formeln:

$F_1 = F_2 \cdot \frac{h}{l}$ bzw. $F_1 = F_2 \cdot \tan\alpha$	$F_N = F_2 \cdot \frac{l}{s}$ bzw. $F_N = F_2 \cdot \cos\alpha$

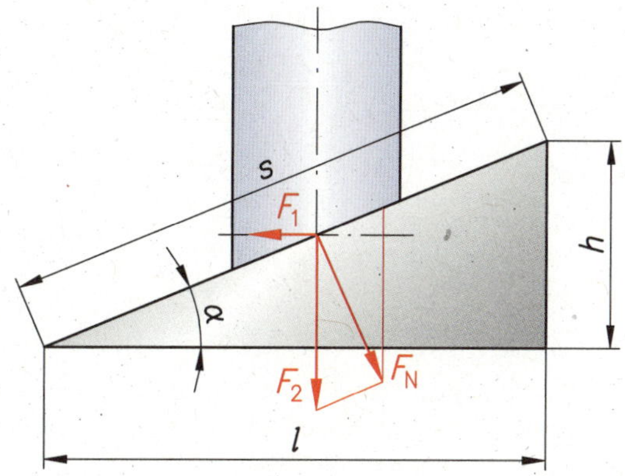

1. Aufgabe: Berechnen Sie die fehlenden Werte.

	F_1	F_2	h	l	s	F_N	α
a)		300 N	20 mm	52 mm	×		
b)	860 N			150 mm		×	15 °

2. Aufgabe: Mit einem Nasenkeil soll zwischen den Bauteilen eine Spannkraft von 12 kN erzeugt werden.
Mit welcher Kraft, muss der Keil eingetrieben werden? (Reibung bleibt unberücksichtigt)

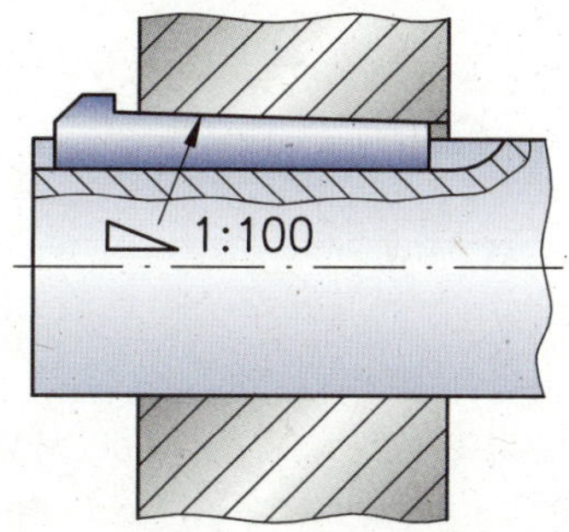

3. Aufgabe: Welche Masse kann bei einem Wirkungsgrad von 78 % gehoben werden?

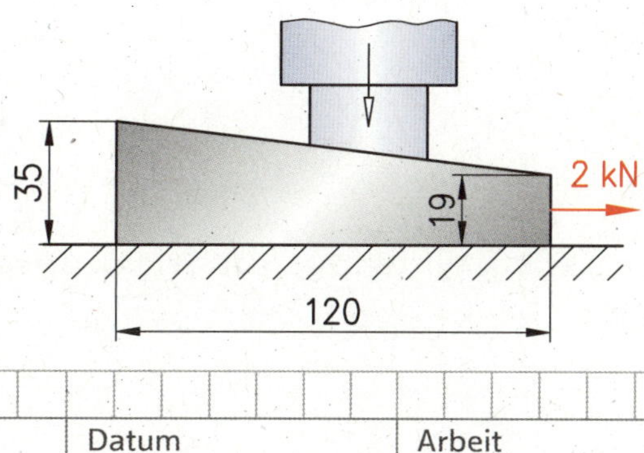

Name	Klasse	Datum	Arbeit

4. Aufgabe: Wie groß sind die auf die Führungsbahnen wirkenden Flankenkräfte?

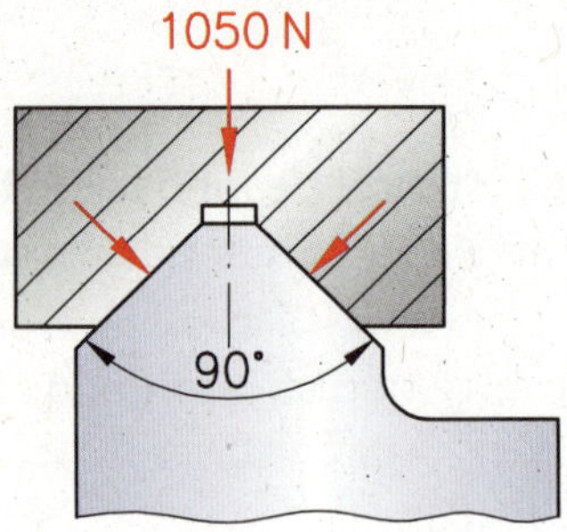

5. Aufgabe: Auf den Keilstempel wirkt eine Kraft F_1 von 1600 N.
Berechnen Sie die Kräfte in den Seitenschiebern.

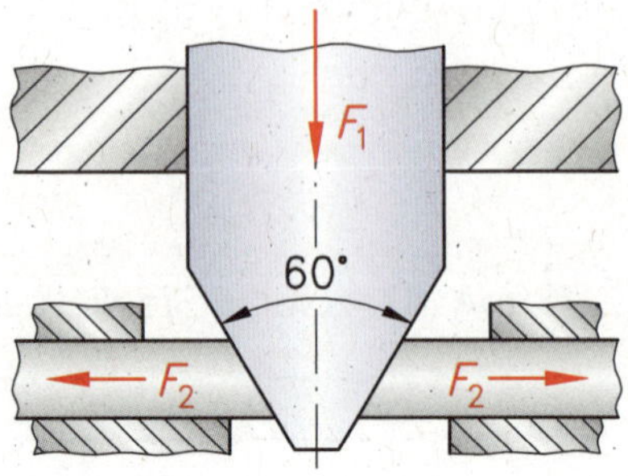

6. Aufgabe: Für ein schrägverzahntes Stirnrad wurde die Zahnflankenkraft F mit 500 N bestimmt.
Berechnen Sie die Umfangskraft F_U und die Axialkraft F_A. (Schrägungswinkel $\alpha = 20°$)

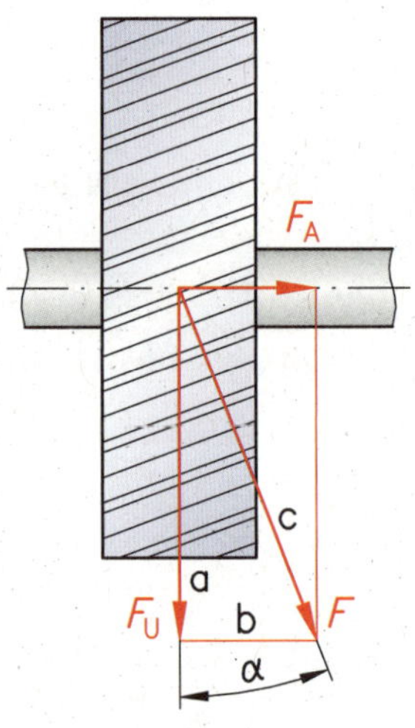

7. Aufgabe: Berechnen Sie nach Skizze:

a) die Kraft F_2 zwischen Keil und Gleitbahn,

b) die auf die Fläche A des Klemmhebels wirkende Normalkraft F_N,

c) die Kraft, mit welcher der Schlitten festgeklemmt wird.

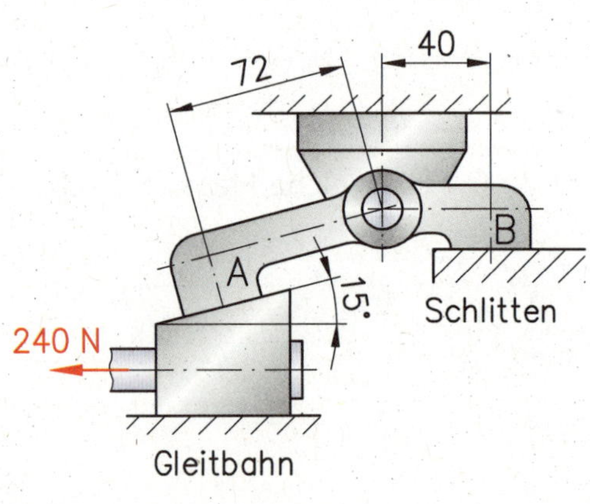

Reibung (Haft- und Gleitreibung)

Jeder Körper, der auf einer Unterlage ruht, setzt seiner Verschiebung einen Widerstand, die **Haftreibungskraft**, entgegen.

Ist ein Körper auf einer Unterlage in Bewegung, so genügt eine kleinere Kraft, um ihn mit gleichbleibender Geschwindigkeit fortgleiten zu lassen. Den Widerstand, den man dabei überwinden muss, bezeichnet man als **Gleitreibungskraft**. Ist der Körper auf Rollen gelagert, so ist die Reibungskraft erheblich kleiner.

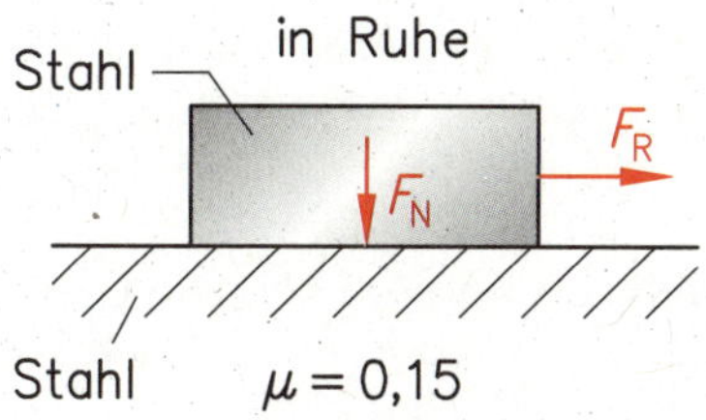

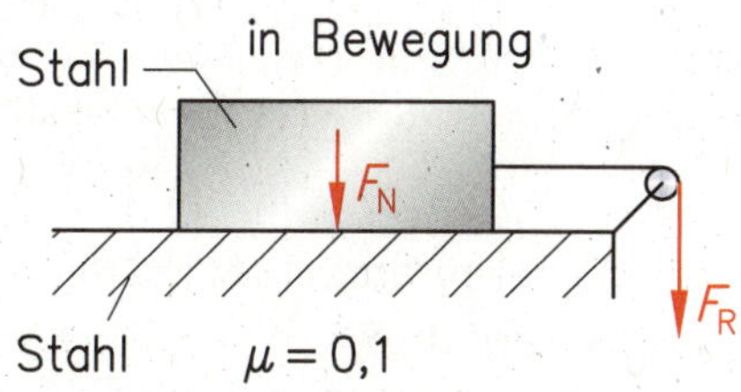

Reibungskraft [N] = Reibungszahl · Normalkraft [N]

$$F_R = \mu \cdot F_N \quad [N]$$

F_R Reibungskraft
F_N Normalkraft
μ Reibungszahl (Mü)

1. Aufgabe: Ein Stahlteil von 52 kg (≈ 520 N) wird auf Schienen ein Stück fortbewegt.
a) Wie groß ist die Haftreibungskraft?
b) Wie groß ist die Gleitreibungskraft?

2. Aufgabe: Ein 138 kg schwerer Werkzeugschlitten gleitet auf dem Drehmaschinenbett.
Die Gleitreibungszahl beträgt 0,16.
Berechnen Sie die Reibungskraft.

3. Aufgabe:
a) Bestimmen Sie die Reibungskraft bei einem Gleitlager (Stahl-Bronze), wenn die Belastungskraft 4,8 kN beträgt und bei guter Schmierung eine Reibungszahl von 0,05 angenommen wird.
b) Bestimmen Sie die Reibungskraft bei einem Wälzlager, das bei gleicher Belastungskraft eine Reibungszahl von 0,0015 aufweist.

Name	Klasse	Datum	Arbeit

4. Aufgabe: Der Tisch einer Langhobelmaschine wiegt 3 250 kg. Zum Anschieben ist eine Kraft von 5 200 N notwendig, zum gleichmäßigen Fortbewegen eine Kraft von 370 N.
Ermitteln Sie die Reibungszahl.

5. Aufgabe: Am Umfang einer Bremsscheibe wirkt eine Bremskraft von 1,8 kN. Die Gleitreibungszahl beträgt 0,25.
Wie groß muss beim Bremsen die gesamte Anpresskraft sein?

6. Aufgabe: Der Aufspanntisch einer Schweißmaschine mit einer Masse von 240 kg ist auf Kugeln drehbar gelagert. Das zu schweißende Gehäuse wiegt 1,5 t.
Welche Reibungskraft tritt bei einer Reibungszahl von 0,0035 auf?

7. Aufgabe: Von einer Einscheibenkupplung sind folgende Werte gegeben: Haftreibungszahl 0,35, Anpresskraft 2 800 N, Kupplungsbeläge (Außendurchmesser 225 mm, Innendurchmesser 150 mm).
Berechnen Sie: a) die Reibungskraft,
b) das Kupplungsdrehmoment.

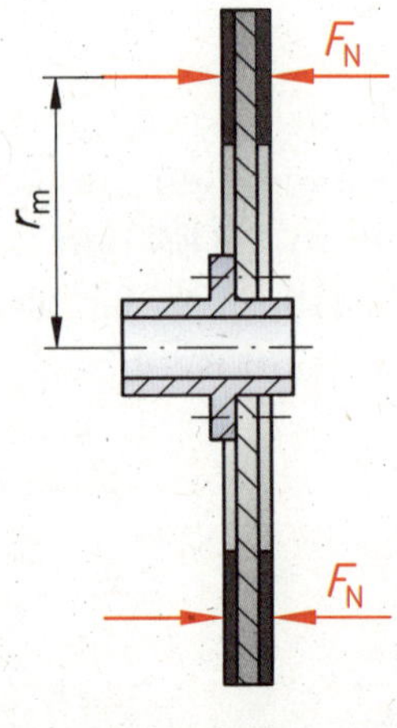

Bildnachweis: Di Gaspare, Michele (Bild und Technik Agentur für technische Grafik und Visualisierung)

Drehmoment

Jeden festen Körper, an dem Kräfte eine Drehwirkung verursachen, bezeichnet man als Hebel. Greift eine Kraft an einem Hebel (Schraubschlüssel, Hebeeisen, Riemenscheibe) außerhalb des Drehpunktes an, so wird eine Drehwirkung verursacht. Diese Drehwirkung bezeichnet man als **Drehmoment** oder **Moment**.

Die Größe des Drehmomentes ist abhängig von der Größe der Kraft und der Länge des Hebelarmes.

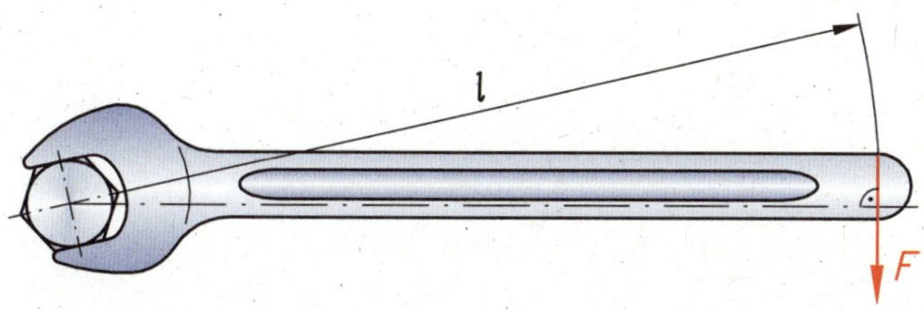

Drehmoment [Nm] = Kraft [N] · Hebelarm [m]

M Drehmoment in Nm
F Kraft in N
l Hebelarm in m

$$M = F \cdot l \quad \text{[Nm]}$$

1. Aufgabe: Schraubenschlüssel, Kraft $F = 85$ N, Hebelarm $l = 0{,}18$ m
Gesucht: Drehmoment *M* in Nm.

2. Aufgabe: An einem einseitigen Hebel wirkt 1 250 mm vom Drehpunkt entfernt eine Kraft von 420 N.
Wie groß ist das Moment in Nm?

3. Aufgabe: Wie groß ist das Drehmoment, wenn die Riemenzugkraft 165 N beträgt und die Keilriemenscheibe einen Durchmesser von 450 mm hat?

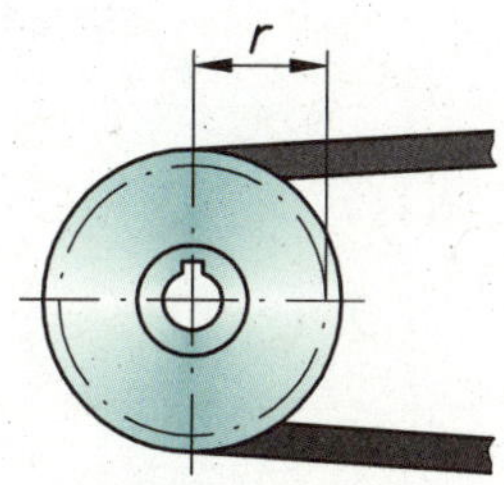

Name	Klasse	Datum	Arbeit

4. Aufgabe: Bei der Montage eines Pkw-Reifens sind die Muttern mit einem Drehmoment von 90 Nm anzuziehen.
Wie viel Kraft ist an jedem Ende des Knebels notwendig, wenn dieser 340 mm lang ist?

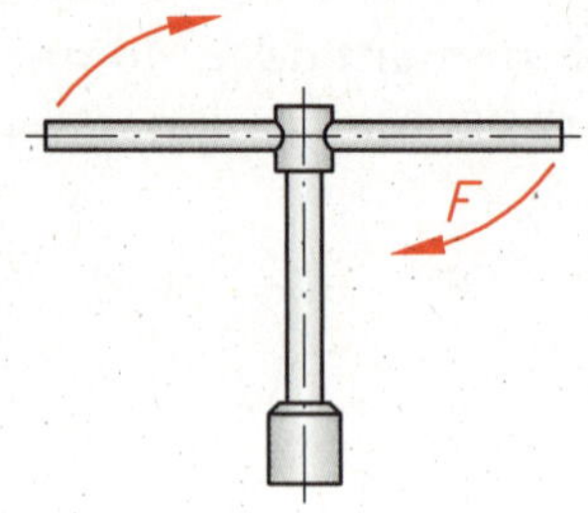

5. Aufgabe: Ein Viertaktmotor wird mit einem Pronyschen Zaum abgebremst. Das Drehmoment beträgt 128 Nm. In welchem Abstand vom Drehpunkt wirkt eine Kraft von 170 N?

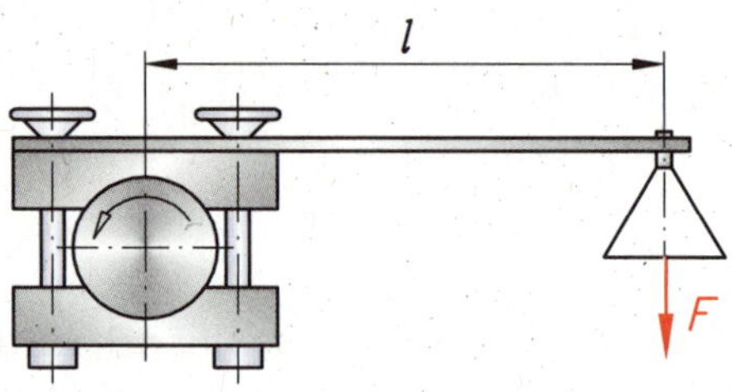

6. Aufgabe: Bei einem Zahnrädertrieb muss das Antriebsritzel mit $d_1 = 48$ mm ein Moment von 18 Nm übertragen.
a) Welche Kraft nehmen die Zähne auf?
b) Wie groß ist das Moment des getriebenen Rades, wenn $d_2 = 104$ mm misst?

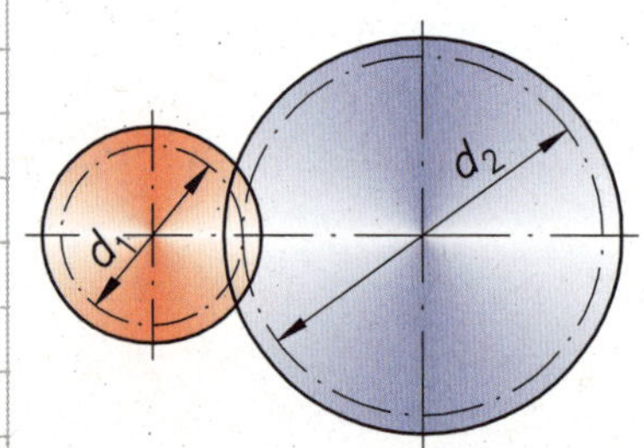

7. Aufgabe: Auf einen Träger wirken zwei Kräfte.
Berechnen Sie: a) das Biegemoment für jede Kraft,
b) das gesamte Biegemoment.

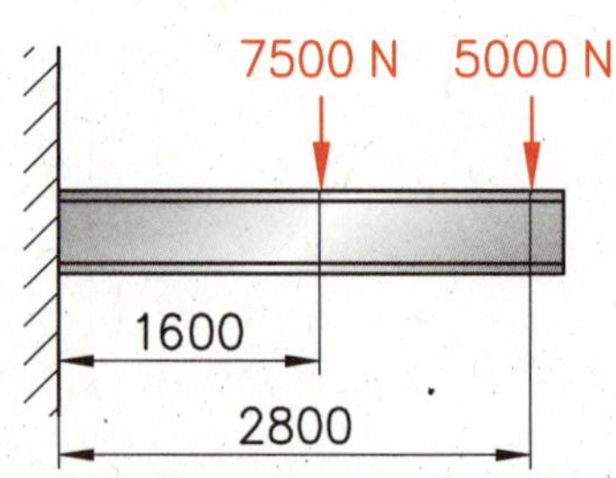

Hebelgesetz

Ein Hebel ist im Gleichgewicht, wenn das **linksdrehende Moment** gleich dem **rechtsdrehenden Moment** ist.

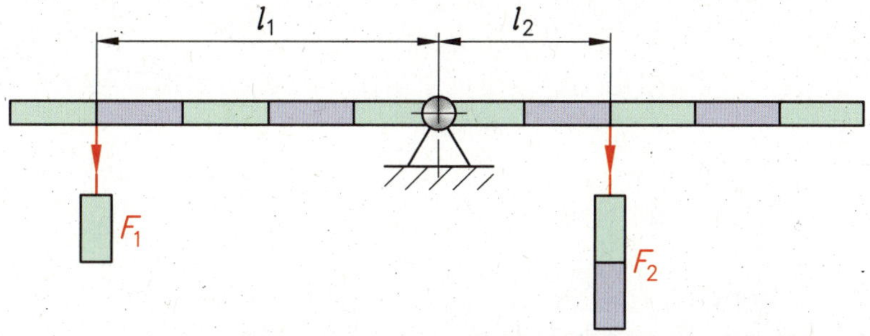

Kraft F_1 · Hebelarm = Kraft F_2 · Hebelarm

$$F_1 \cdot l_1 = F_2 \cdot l_2$$

Übersetzungsverhältnis $i = \frac{F_1}{F_2}$ oder $i = \frac{l_2}{l_1}$

1. Aufgabe: Zweiarmiger Hebel
Berechnen Sie die erforderliche Kraft F_1.

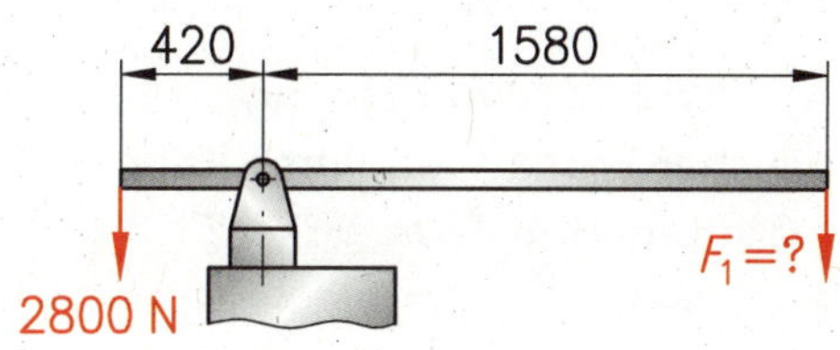

2. Aufgabe: Beißzange
Wie groß ist: a) die Schneidekraft,
b) das Übersetzungsverhältnis?

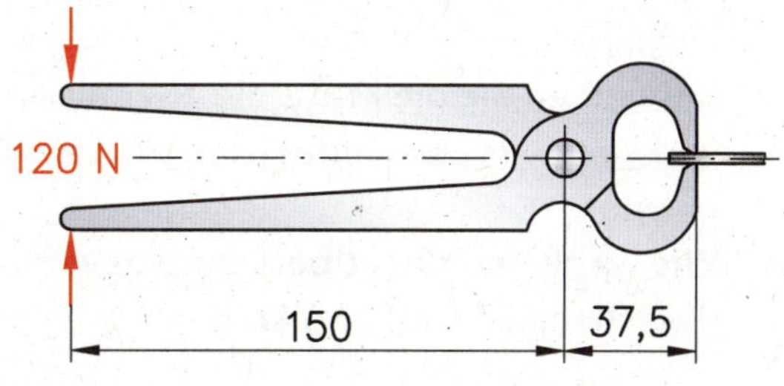

Name	Klasse	Datum	Arbeit

3. Aufgabe: Berechnen Sie die Schneidekraft der Schere.

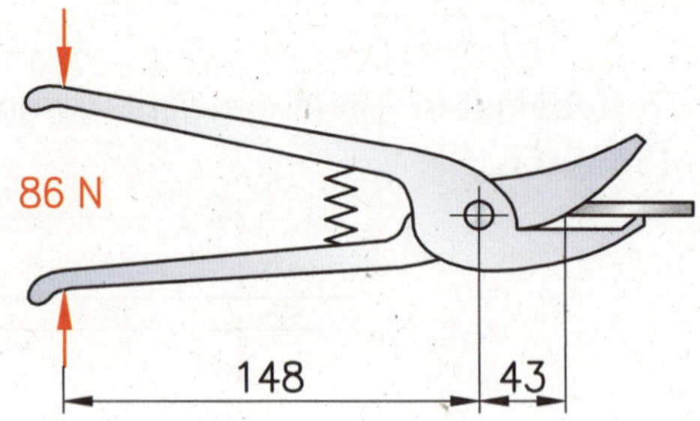

4. Aufgabe: Handbremshebel

a) Wie lang ist der Hebelarm, wenn der Seilzug mit 260 N Zugkraft belastet wird?
b) Wie groß ist die Übersetzung?

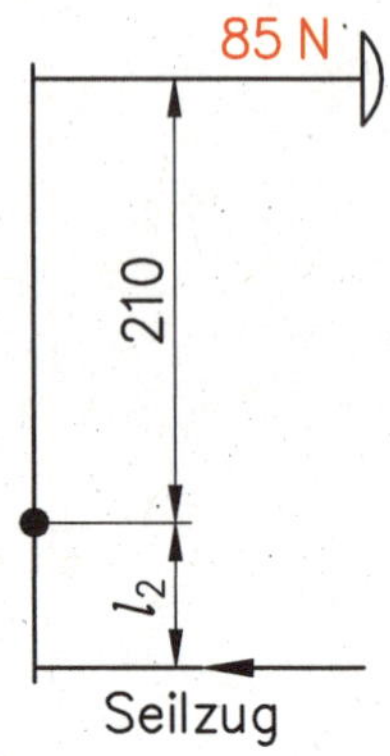

5. Aufgabe: Lochvorrichtung

In welcher Entfernung vom Drehpunkt müsste die Kraft am Hebelarm wirken?

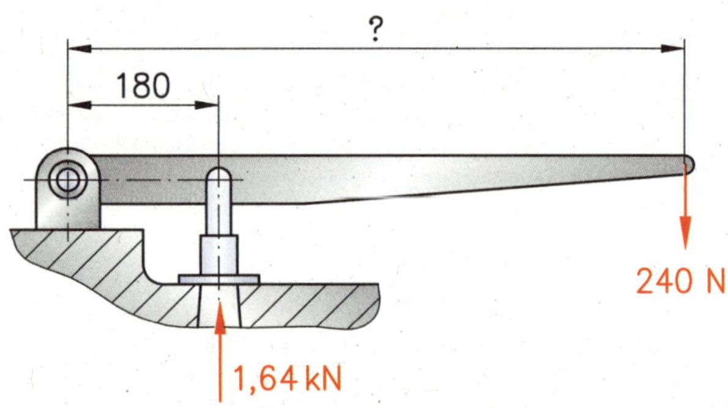

6. Aufgabe:

a) Berechnen Sie die Kraft, die am Kolben wirksam wird, wenn die Fußkraft 150 N beträgt.
b) Wie groß ist das Übersetzungsverhältnis zwischen Fußkraft und Kolbenkraft?

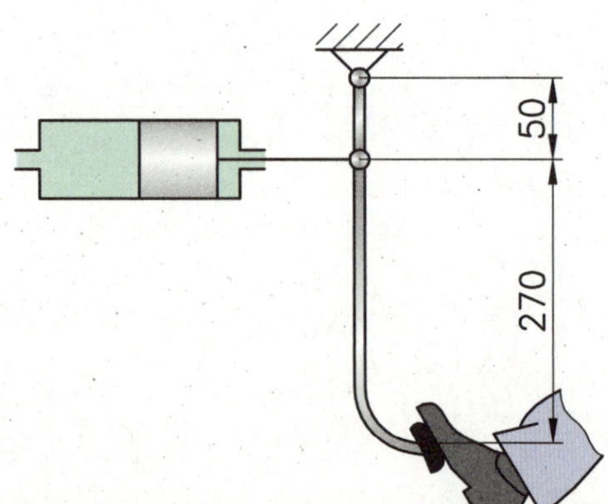

Mechanische Arbeit

Mechanische Arbeit wird verrichtet, wenn ein Körper unter Einwirkung einer Kraft einen Weg zurücklegt. Die Größe der Arbeit ist abhängig von der Größe der Kraft und von dem zurückgelegten Weg.

Mechanische Arbeit [J] = Kraft [N] · Kraftweg [m]

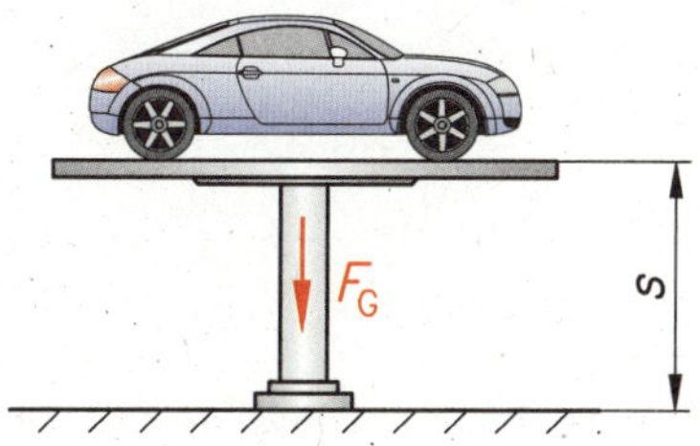

$$W = F \cdot s \quad [J]$$

Arbeit $$W = m \cdot g \cdot s \quad [J]$$

1 Nm = 1 J = 1 Ws $\quad g \approx 10 \frac{m}{s^2}$

- W Arbeit in J
- F Kraft in N
- s Kraftweg in m
- m Masse in kg
- g Fallbeschleunigung in m/s^2

1. Aufgabe: Mit der hydraulischen Hebebühne wird ein Wagen von 9650 N Gewichtskraft auf 1,6 m Höhe gehoben.
Wie groß ist die mechanische Arbeit in *J*?

2. Aufgabe: Ein Kran hebt ein Maschinenteil von 84 kg 135 cm hoch.
Berechnen Sie die aufzuwendende Arbeit.

3. Aufgabe: Mit einer Kolbenpumpe werden 28,5 m^3 Wasser auf eine Höhe von 17 m gefördert.
Ermitteln Sie die mechanische Arbeit.

Name	Klasse	Datum	Arbeit

4. Aufgabe: Eine Exzenterwelle wird in die Maschine gespannt und dabei um 1,4 m gehoben.
Der Aufzug verrichtet eine Arbeit von 5,32 kJ.
Wie viel kg wiegt die Welle?

5. Aufgabe: Zum Heben einer 2700 kg schweren Schleifmaschine wurden 49,68 kJ mechanische Arbeit aufgewendet.
Wie hoch wurde die Maschine gehoben?

6. Aufgabe: Mit der Seiltrommel ist die Last hochzuziehen.
a) Welche Höhe wird nach 12 Umdrehungen überwunden?
b) Wie groß ist die verrichtete Arbeit?

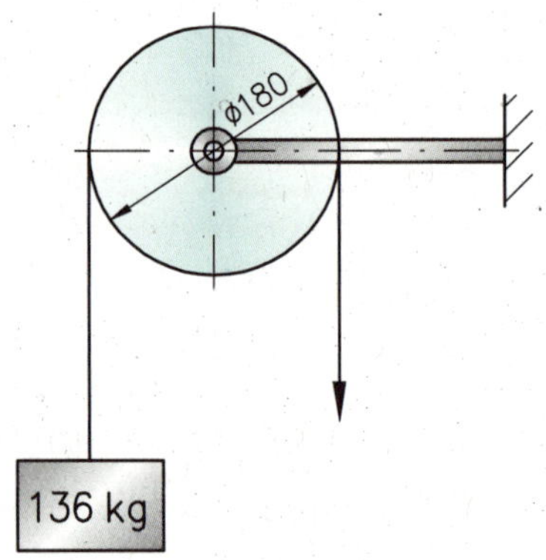

7. Aufgabe: Die Hublänge eines Kolbens von 132 mm Durchmesser beträgt 850 mm.
Wie groß ist die mechanische Arbeit je Hub bei einem Öldruck von 3,5 bar? (1 bar = 10 N/cm²)

Mechanische Leistung

Mechanische Leistung ist die in der Zeiteinheit (z. B. in 1 s) verrichtete Arbeit.

$$\text{Mechanische Leistung [W]} = \frac{\text{Mechan. Arbeit [J]}}{\text{Zeit [s]}} = \frac{\text{Kraft [N]} \cdot \text{Kraftweg [m]}}{\text{Zeit [s]}} = \text{Kraft [N]} \cdot \text{Geschwindigkeit [m/s]}$$

$$P = \frac{W}{t} = \frac{F \cdot s}{t} = F \cdot v \quad \text{[W]}$$

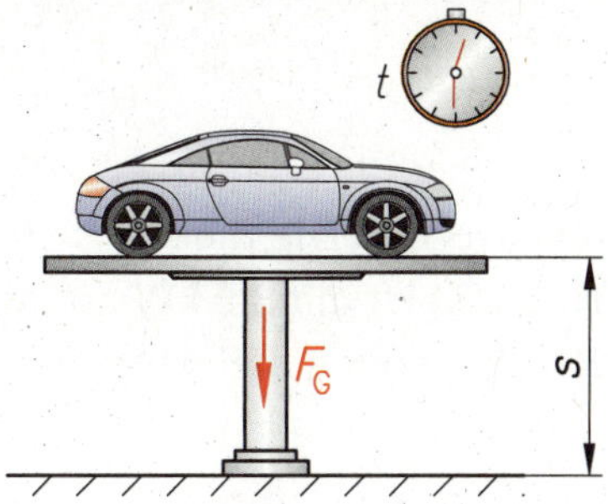

P Leistung in W
W Arbeit in J
s Kraftweg in m
t Zeit in s
v Geschwindigkeit in m/s

$$1\,\frac{\text{Nm}}{\text{s}} = 1\,\frac{\text{J}}{\text{s}} = 1\ \text{W}$$

1. Aufgabe: Wagengewicht $m = 965$ kg, Kraftweg $s = 1{,}6$ m, Zeit $t = 24$ s
Gesucht: mechanische Leistung *P* in *W*.

2. Aufgabe: Ein Kran hebt ein Gussteil von 192 kg in 18 Sekunden 1,2 m hoch.
Wie groß ist die Leistung in kW?

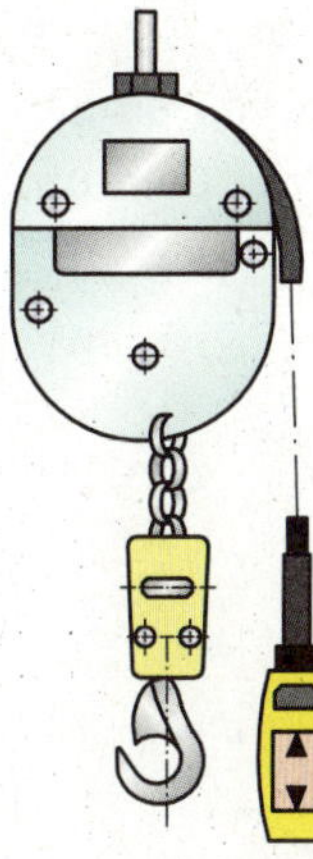

Name	Klasse	Datum	Arbeit

3. Aufgabe: Eine Bohrmaschine von 172 kg wird mit einer Motorwinde, die auf eine Hubgeschwindigkeit von 0,3 m/s eingestellt ist, hochgehoben.
Berechnen Sie die mechanische Leistung.

4. Aufgabe: Die theoretische Leistung des Antriebsmotors bei einem Personenaufzug von 340 kg Nutzlast ist mit 3,6 kW angegeben. Die Förderhöhe beträgt 24 m.
Berechnen Sie die Fahrzeit.

5. Aufgabe: Eine Kreiselpumpe hat eine Nutzleistung von 0,25 kW. Die Förderhöhe beträgt 28 m.
Wie viel l Wasser können in einer Stunde hochgepumpt werden?

6. Aufgabe: Der Arbeitskolben einer hydraulischen Presse hat einen Durchmesser von 340 mm.
Er arbeitet mit einem Druck von 28 bar. Die Hubgeschwindigkeit beträgt 0,04 m/s.
Wie groß ist die Leistung?

Mechanischer Wirkungsgrad

In den Triebwerksteilen aller Maschinen und Aggregate entstehen durch ihre Bewegung Verluste. Die einer Maschine zugeführte Leistung muss deshalb stets größer sein als die abgegebene Leistung. Das Verhältnis der abgegebenen Leistung zur zugeführten Leistung nennt man Wirkungsgrad η (Eta).

Wirkungsgrad = $\frac{\text{abgegebene (effektive) Leistung}}{\text{zugeführte (indizierte) Leistung}}$

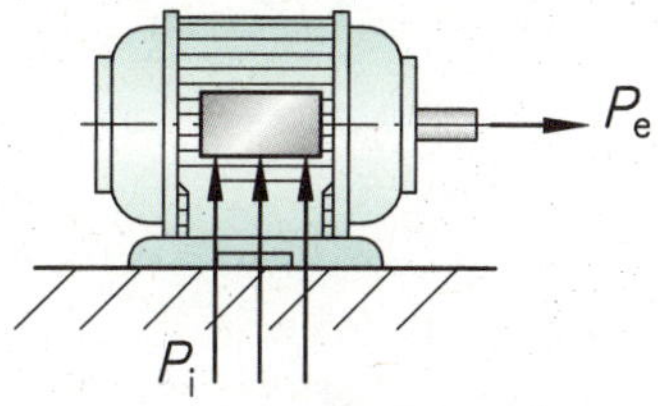

$$\eta = \frac{P_{ab}}{P_{zu}} = \frac{P_e}{P_i}$$

Der Wirkungsgrad η ist stets kleiner als 1 bzw. kleiner als 100%.

η (Eta) Wirkungsgrad
$P_e = P_{ab}$ abgegebene Leistung
$P_i = P_{zu}$ zugeführte Leistung

$$\eta = \eta_1 \cdot \eta_2 \cdot \ldots$$

Der Gesamtwirkungsgrad ist das Produkt der Einzelwirkungsgrade.

1. Aufgabe: Einem Motor wird eine Leistung von 5,5 kW zugeführt. Die abgegebene Leistung beträgt 4,7 kW.
Berechnen Sie den Wirkungsgrad.

2. Aufgabe: Bei einem Viertaktmotor errechnet man eine Leistung von 86 kW. Am Bremsstand stellt man eine Leistung von 67 kW fest. Wie groß ist der Wirkungsgrad?

3. Aufgabe: Ein eingängiges Schneckengetriebe, das eine Antriebsleistung von 124 Nm/s besitzt, treibt eine Welle mit einer Leistung von 74,4 Nm/s an.
Welchen Wirkungsgrad hat das Schneckengetriebe?

Name	Klasse	Datum	Arbeit

Mechanische Leistung und Wirkungsgrad

Wird bei der Leistungsberechnung der Wirkungsgrad berücksichtigt, so verwendet man die Formeln:

$$P = \frac{W}{t \cdot \eta} = \frac{F \cdot s}{t \cdot \eta} = \frac{F \cdot v}{\eta}$$

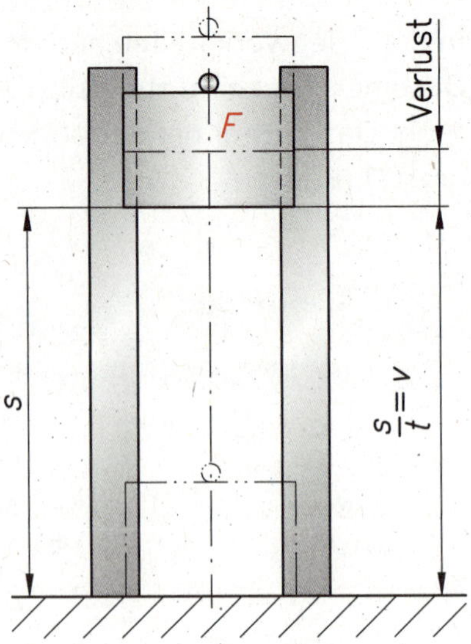

P	zugeführte Leistung in W	*s*	Kraftweg in m
W	Arbeit in J	*v*	Geschwindigkeit in m/s
F	Kraft in N	η	Wirkungsgrad (Eta)

$$1 \frac{\text{Nm}}{\text{s}} = 1 \frac{\text{J}}{\text{s}} = 1 \text{ W}$$

1. Aufgabe: Mit einer Motorwinde wird eine Last von 1 500 kg in 12 Sekunden 2,4 m hochgehoben. Der Wirkungsgrad beträgt 0,75.
Berechnen Sie: a) die aufzuwendende Arbeit, b) die notwendige Leistung.

2. Aufgabe: Ein Kran hebt einen Träger, der 1 050 kg wiegt, in 42 Sekunden 9 m hoch.
Der Wirkungsgrad beträgt 0,8.
Bestimmen Sie die Antriebsleistung des Krans.

3. Aufgabe: Beim Arbeiten an einem Drehautomat mit einer Schnittgeschwindigkeit von 36 m/min entsteht eine Schnittkraft von 7,25 kN.
Wie groß ist die Motorleistung bei einem Wirkungsgrad von 0,7?

Bildnachweis: Di Gaspare, Michele (Bild und Technik Agentur für technische Grafik und Visualisierung)

Geschwindigkeit bei geradliniger Bewegung

Unter der Geschwindigkeit bei geradliniger Bewegung (Durchschnittsgeschwindigkeit) versteht man den in einer Zeiteinheit zurückgelegten Weg.

$$\textbf{Geschwindigkeit} = \frac{\textbf{Weg}}{\textbf{Zeit}}$$

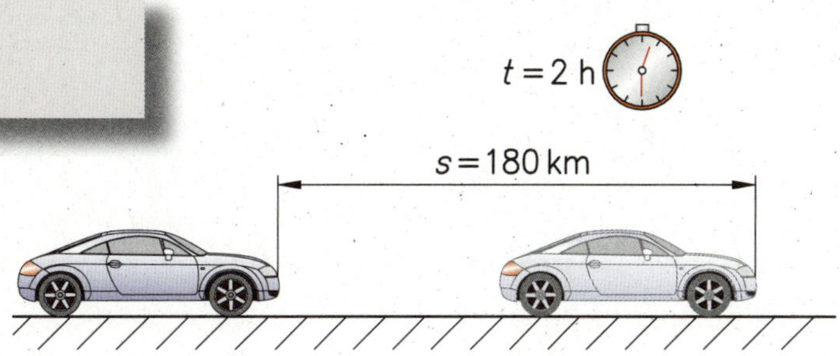

$$\left[\frac{m}{s}; \frac{km}{h}\right] \qquad v = \frac{s}{t}$$

$$1\,\frac{m}{s} \triangleq 3{,}6\,\frac{km}{h}$$

v Geschwindigkeit
s Weg
t Zeit

1. Aufgabe: Ein Pkw legt eine Strecke von 180 km in 2 h zurück. Wie groß ist seine Durchschnittsgeschwindigkeit? (siehe Skizze)

2. Aufgabe: Ein Auszubildender fährt mit seinem Moped in 18 min zu der 12,5 km entfernten Berufsschule. Mit welcher Durchschnittsgeschwindigkeit in km/h ist er gefahren?

3. Aufgabe: Eine Tischschleifmaschine braucht für einen Hub von 3,6 m 12 s. Berechnen Sie die Arbeitsgeschwindigkeit in m/min.

Name	Klasse	Datum	Arbeit

Bildnachweis: Di Gaspare, Michele (Bild und Technik Agentur für technische Grafik und Visualisierung)

4. Aufgabe: Ein Lichtbogenschweißautomat hat eine Vorschubgeschwindigkeit von 75 cm/min. Berechnen Sie die Schweißzeit für eine Naht von 2,85 m.

5. Aufgabe: Ein Förderband hat eine Geschwindigkeit von 1,8 m/s.
Wie viel m Band rollen in 2,5 h ab?

6. Aufgabe: Ein Kran hebt ein Getriebe von 250 kg 4,5 m hoch. Die Geschwindigkeit beträgt 25 cm/s.
Wie viel Zeit wird benötigt?

7. Aufgabe: Ein Motorrad überholt einen Personenwagen.

a) In wie viel Sekunden hat der Motorradfahrer einen Vorsprung von 32 m?
b) Welche Strecke braucht er zum Überholen?

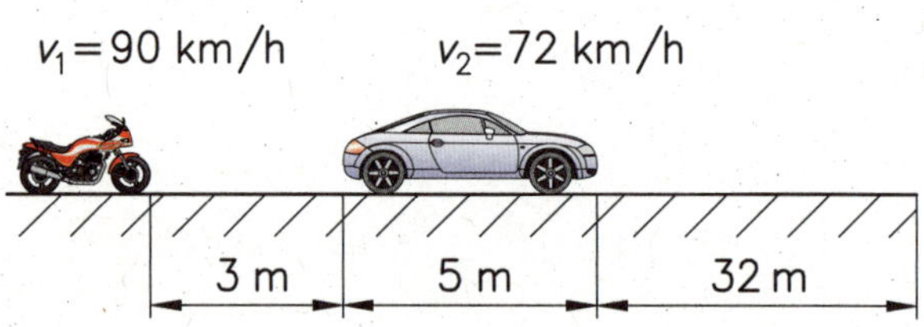

Umfangsgeschwindigkeit

Den Weg, den ein Punkt am Umfang eines sich drehenden Körpers in einer Sekunde zurücklegt, nennt man Umfangsgeschwindigkeit.

Umfangsgeschwindigkeit $\left[\frac{m}{s}\right] = \frac{3{,}14 \cdot \text{Durchmesser [mm]} \cdot \text{Drehzahl [1/min]}}{1000 \cdot 60}$

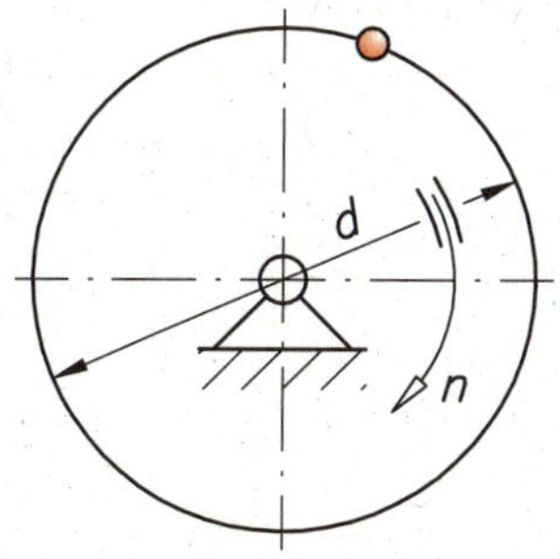

$$v = \frac{\pi \cdot d \cdot n}{1\,000 \cdot 60} \quad \left[\frac{m}{s}\right]$$

oder: $v = \pi \cdot d \cdot n$ $\left(d \text{ in m}, n \text{ in } \frac{1}{s} \text{ einsetzen}\right)$

1. Aufgabe: Riemenscheibe, Durchmesser $d = 180$ mm, Drehzahl $n = 720$/min
Gesucht: Umfangsgeschwindigkeit v.

2. Aufgabe: Das Schwungrad einer Presse macht 90 Umdrehungen je Minute und hat einen Durchmesser von 870 mm.
Berechnen Sie seine Umfangsgeschwindigkeit.

3. Aufgabe: Die Gasturbine eines Düsenstrahltriebwerkes hat einen Durchmesser von 600 mm, ihre Umfangsgeschwindigkeit beträgt 392,5 m/s.
Berechnen Sie die Triebwerksdrehzahl.

Name	Klasse	Datum	Arbeit

4. Aufgabe: Die höchstzulässige Umfangsgeschwindigkeit einer Schleifscheibe (keramische Bindung) bei Zustellung von Hand beträgt 25 m/s, der Durchmesser 275 mm.
Welche Drehzahl ist zulässig?

5. Aufgabe: Die Drehzahl am Motorschild einer Schleifmaschine ist mit 2800/min angegeben. Die Umfangsgeschwindigkeit von 35 m/s soll bei Schleifscheiben nicht überschritten werden.
Bis zu welchem Durchmesser kann man Schleifscheiben montieren?

6. Aufgabe: Auf der Planscheibe einer Drehmaschine ist 24 cm aus der Mitte ein Aluminium-Werkstück aufgespannt. Die Maschine läuft mit 72 Umdrehungen je min.
Welche Geschwindigkeit hat das Al-Teil?

7. Aufgabe: Der Reifen eines Pkw hat 620 mm Durchmesser. Der Wagen fährt mit einer Geschwindigkeit von 140 km/h.

a) Wie groß ist die Umfangsgeschwindigkeit in m/s?
b) Wie viel Umdrehungen macht das Rad pro Minute?

Schnittgeschwindigkeit

Die Schnittgeschwindigkeit kann man vergleichen mit der Länge eines Spanes bei einer Arbeitszeit von einer Minute.

$$\text{Schnittgeschwindigkeit}\left[\frac{\text{m}}{\text{min}}\right] = \frac{3{,}14 \cdot \text{Durchmesser [mm]} \cdot \text{Drehzahl [1/min]}}{1000}$$

$$v_c = \frac{\pi \cdot d \cdot n}{1\,000} \quad \left[\frac{\text{m}}{\text{min}}\right]$$

oder: $v_c = \pi \cdot d \cdot n$ (d in m einsetzen)

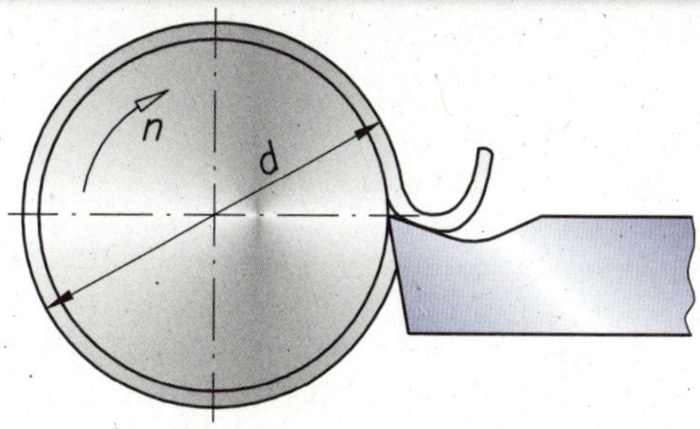

1. Aufgabe: Welle, Durchmesser $d = 45$ mm, Drehzahl $n = 125$/min
Gesucht: Schnittgeschwindigkeit v_c.

2. Aufgabe: Ein Gussteil wird mit einem Hartmetallbohrer von 12 mm Durchmesser gebohrt.
Die Radialbohrmaschine ist auf 1940 Umdrehungen je min eingestellt.
Wie groß ist die Schnittgeschwindigkeit bei dieser Drehzahl?

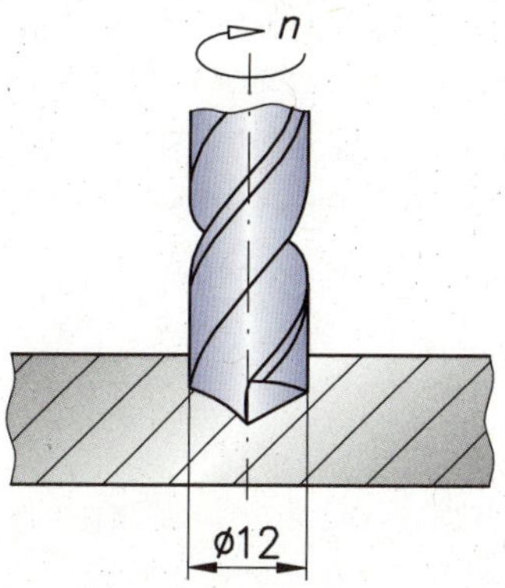

3. Aufgabe: Mit einem Walzenfräser von $d = 75$ mm Durchmesser und einer Drehzahl n von 63/min wird ein Werkstück überschruppt.
Mit welcher Schnittgeschwindigkeit arbeitet der Fräser?

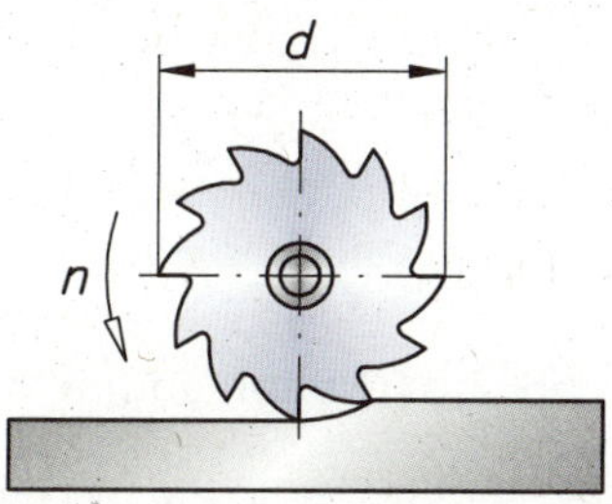

Name	Klasse	Datum	Arbeit

4. Aufgabe: Eine Schaltwelle aus S275JR (St 44-2) mit 18 mm Durchmesser soll mit einem SS-Stahl überdreht werden. Mit einer Schnittgeschwindigkeit von 24 m/min kann gearbeitet werden.
Bestimmen Sie die Drehzahl.

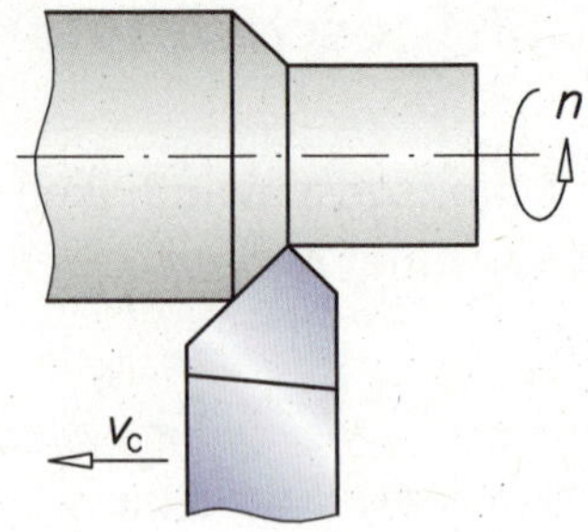

5. Aufgabe: Mit einem HSS-Sägeblatt von 250 mm Durchmesser ist eine Stahlplatte von 20 mm Dicke zu trennen. Errechnen Sie die Drehzahl des Kreissägeblattes bei einer Schnittgeschwindigkeit von 35 m/min.

6. Aufgabe: Ein Motorgehäuse aus Grauguss soll mit einem Messerkopf (Hartmetallschneiden) plangefräst werden. Die Arbeitsspindel der Fräsmaschine macht 270 Umdrehungen je min, und als Schnittgeschwindigkeit werden 128 m/min gewählt. Welchen Durchmesser muss der Messerkopf haben?

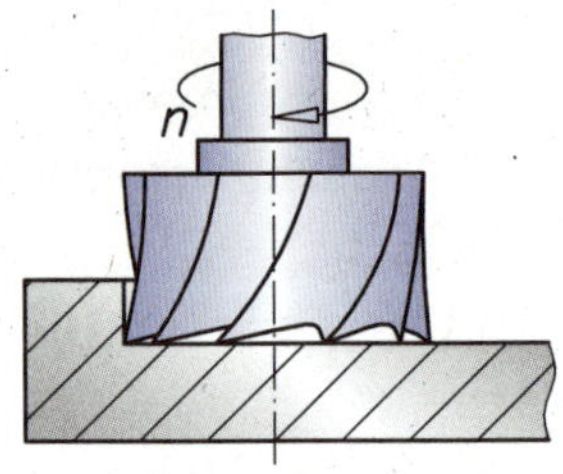

7. Aufgabe: Welchen Durchmesser hat der Flachsenker?

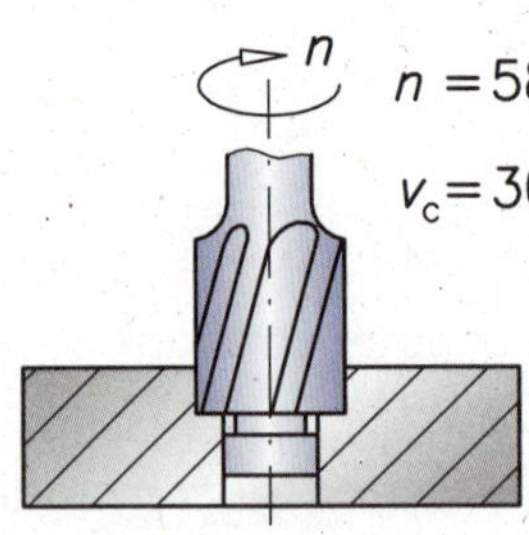

$n = 580\ 1/\text{min}$

$v_c = 30\ \text{m/min}$

8. Aufgabe: Die fehlenden Werte sind nach Diagramm (S. 80) zu ermitteln.

	a)	b)	c)	d)	e)	f)
d in mm	60	21		8		6,5
n in $\frac{1}{\text{min}}$	265		188	800	1250	
v_c in $\frac{\text{m}}{\text{min}}$		35	87		15	45

Weg-Zeit-Diagramm

Zur Darstellung von Bewegungen verwendet man häufig ein Weg-Zeit-Diagramm (s-t-Diagramm).
Auf der senkrechten Koordinaten-Achse des s-t-Diagramms wird der zurückgelegte Weg s, auf der waagerechten Koordinatenachse die verstrichene Zeit t abgelesen.
Bei einer gleichförmigen Bewegung ist der in einer bestimmten Zeit zurückgelegte Weg immer gleich groß.

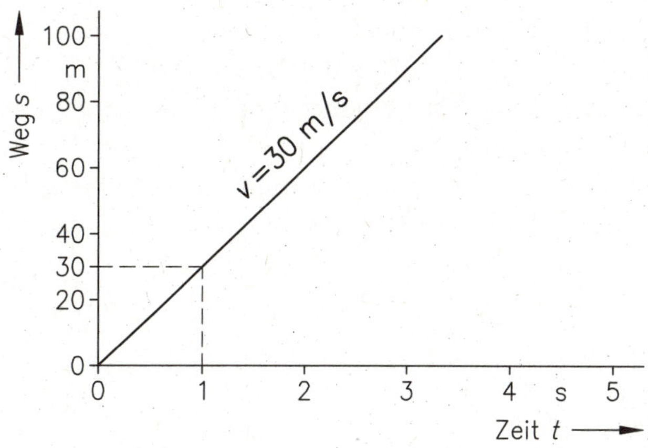

1. Aufgabe:

a) Erstellen Sie aus den Tabellenwerten ein s-t-Diagramm.

Weg s in m	20	40	60	80	100
Zeit t in s	1	2	3	4	5

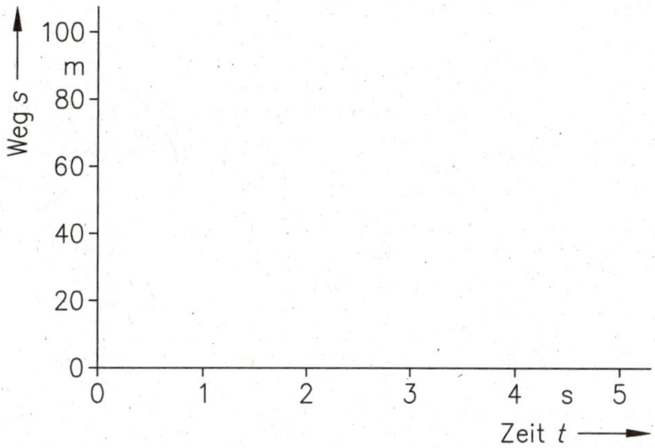

b) Wie groß ist die Geschwindigkeit in m/s und km/h?

c) In wie viel min hat ein Fahrzeug nach dem s-t-Diagramm eine Strecke von 6 km zurückgelegt?

2. Aufgabe:

Ein Aufzug bewegt sich mit einer Geschwindigkeit von $v = 5$ m/s.

a) Vervollständigen Sie die folgende Tabelle.

Weg s in m/s	5		15	20		75
Zeit t in s		2			10	

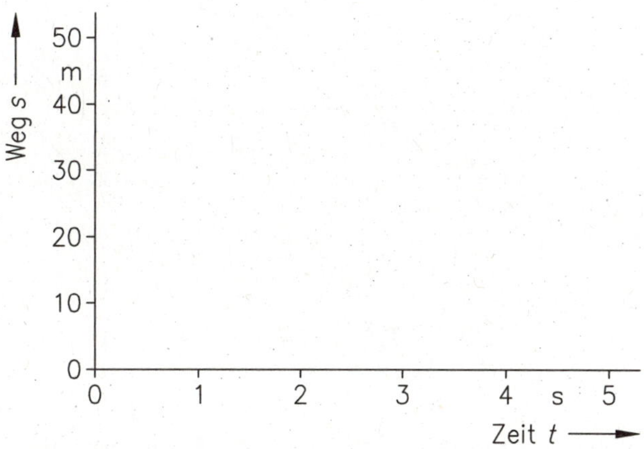

b) Erstellen Sie anhand der Tabelle ein s-t-Diagramm für den Bereich von 0 bis 5 s.

c) Zeichnen Sie zusätzlich die Linie für einen zweiten Aufzug, der sich mit $v = 10$ m/s bewegt, ein.

d) Beide Aufzüge sollen einen Weg von 17,5 m zurücklegen. Wie viele s ist der zweite Aufzug schneller als der erste?
Zeichnen Sie die Lösung in das Diagramm ein.

Name	Klasse	Datum	Arbeit

Ermittlung der Drehzahl mit Diagramm

Auf einer Säulenbohrmaschine soll in einen U-Stahl eine Bohrung mit Durchmesser $d = 20$ mm gebohrt werden.
Die zulässige Schnittgeschwindigkeit des verwendeten Bohrers beträgt $v_c = 20$ m/min.
Die an der Säulenbohrmaschine einzustellende Spindel-Drehzahl (Drehfrequenz) kann rechnerisch bestimmt werden:

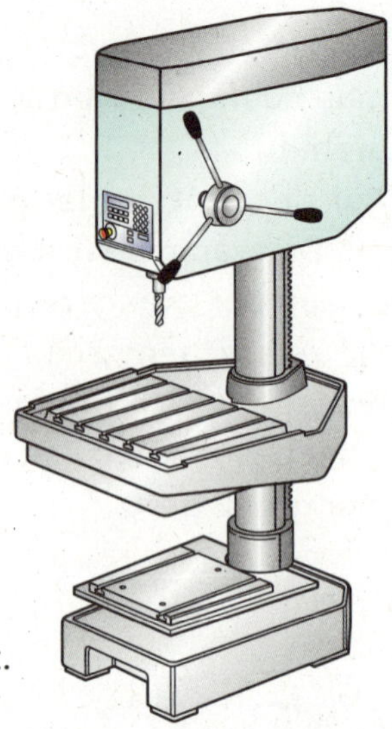

$$n = \frac{v_c \cdot 1\,000}{\pi \cdot d} = \underline{\hspace{5cm}} =$$

In der Praxis wird die Drehzahl häufig mithilfe von Diagrammen bestimmt.

Im Diagramm geht man dabei von der zulässigen Schnittgeschwindigkeit $v_c = 20$ m/min waagerecht nach rechts, bis zum gewünschten Durchmesser $d = 20$ mm und dann senkrecht nach unten bis zur Drehzahl-Achse, an der man die einzustellende Drehzahl ablesen kann.

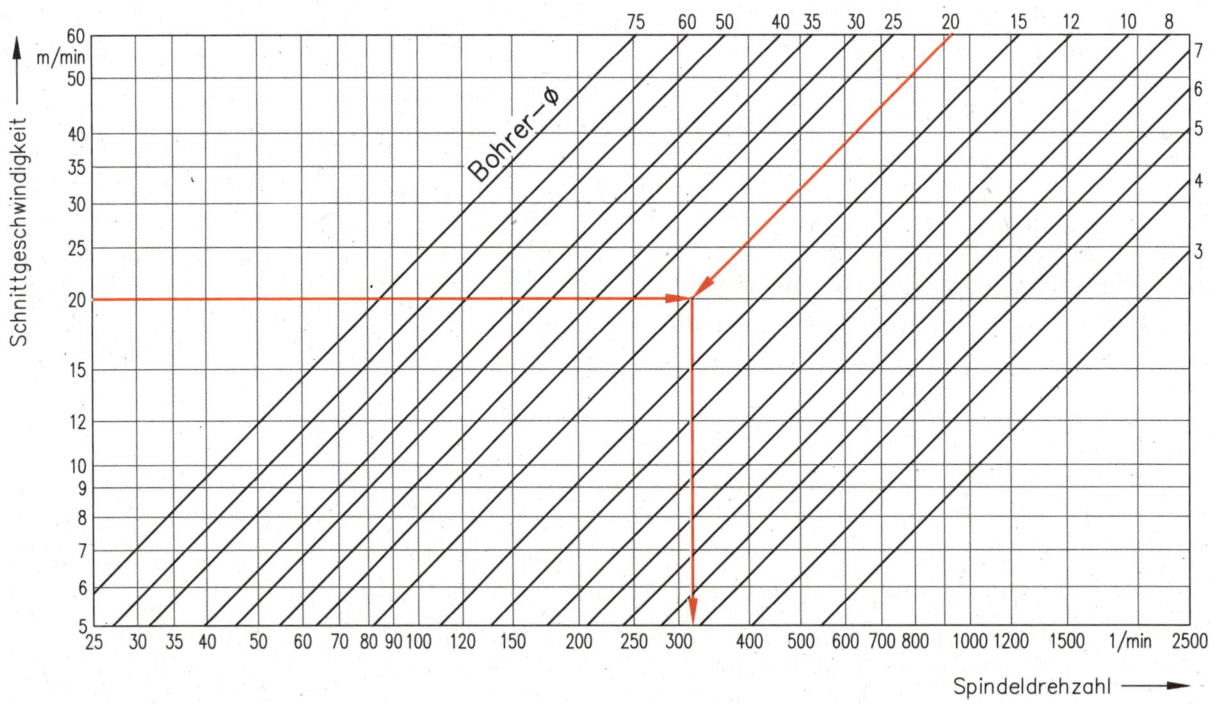

Im Diagramm abgelesener Wert: $n \approx$

Aufgabe: Vervollständigen Sie mithilfe des Diagramms die folgende Tabelle:

	a	b	c	d	e	f	g	h	i	j	k
Schnittgeschwindigkeit in m/min	8	25	12	35			7		50	10	
Bohrerdurchmesser in mm	25	6			3	15	30	40		5	8
Spindeldrehzahl in 1/min			250	150	800	200		100	800		300

Mittlere Geschwindigkeit bei Kurbeltrieben

Der Kurbeltrieb wandelt eine Drehbewegung in eine hin- und hergehende Bewegung um. Die mittlere Geschwindigkeit beim Kurbeltrieb ist die Geschwindigkeit einer gedachten gleichförmigen Bewegung. Der Kurbeltrieb findet Anwendung bei:

Kolbenkraftmaschinen

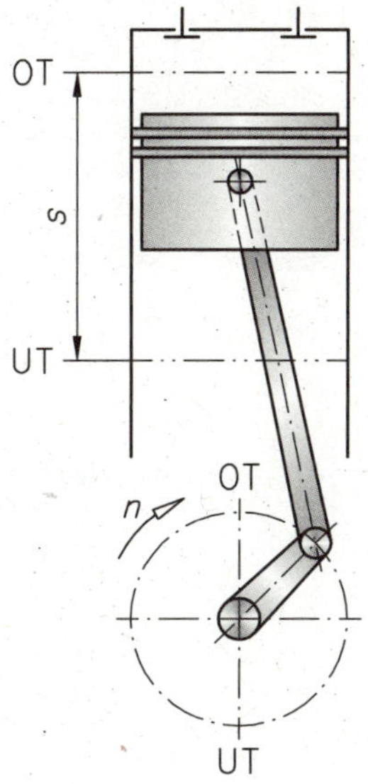

Arbeitsmaschinen

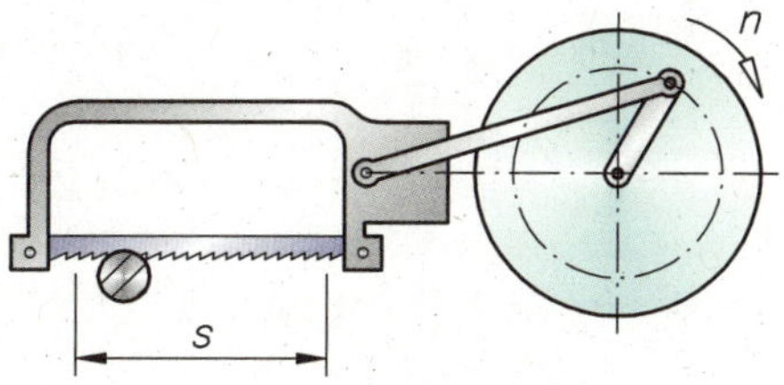

Mittlere Kolbengeschwindigkeit

$$v_m = \frac{2 \cdot s \cdot n}{1\,000 \cdot 60} \quad \left[\frac{m}{s}\right]$$

Mittlere Schnittgeschwindigkeit

$$v_m = \frac{2 \cdot s \cdot n}{1\,000} \quad \left[\frac{m}{min}\right]$$

v_m Mittlere Kolbengeschwindigkeit in m/s
Mittlere Schnittgeschwindigkeit in m/min

s Hub in mm

n Drehzahl, Anzahl der Doppelhübe in 1/min

1. Aufgabe: Ein Ottomotor hat einen Hub $s = 84$ mm und eine Motordrehzahl $n = 4\,200$/min. Berechnen Sie die mittlere Kolbengeschwindigkeit v_m.

2. Aufgabe: Eine Hubsäge macht 70 Doppelhübe je min. Der Sägeweg beträgt 180 mm. Bestimmen Sie die mittlere Schnittgeschwindigkeit.

Name	Klasse	Datum	Arbeit

3. Aufgabe: Ein Dieselmotor hat bei 2400 Umdrehungen je min eine mittlere Kolbengeschwindigkeit von 7,4 m/s.
Wie groß ist der Hub?

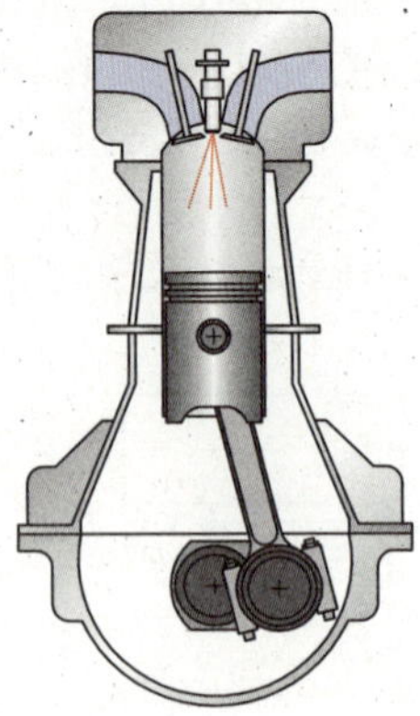

4. Aufgabe: Eine Waagrechtstoßmaschine arbeitet bei 42 Doppelhüben je min mit einer mittleren Schnittgeschwindigkeit von 37,8 m/min.
Welche Hublänge ist eingestellt?

5. Aufgabe: Der Stempel einer Lochstanze hat eine mittlere Geschwindigkeit von 11,4 m/min.
Der Durchmesser des Exzenterkreises des antreibenden Kurbelzapfens beträgt 60 mm.
Wie viel Löcher können pro min gestanzt werden?

6. Aufgabe: Der Kolben einer doppeltwirkenden Wasserpumpe bewegt sich mit einer Geschwindigkeit von 223,6 mm/s. Die Hublänge beträgt 78 mm, der Zylinderdurchmesser 90 mm.

a) Wie groß ist die Hubzahl je min?
b) Wie viel l Wasser können theoretisch in 1 h gefördert werden?

Druck

Unter Druck versteht man die auf eine Flächeneinheit (z. B. 1 cm^2) senkrecht wirkende Kraft eines festen, flüssigen oder gasförmigen Stoffes. Als Druckeinheit für Gase und Flüssigkeiten wurde die Einheit „bar“ gewählt.

$$\text{Druck} = \frac{\text{Kraft}}{\text{Fläche}}$$

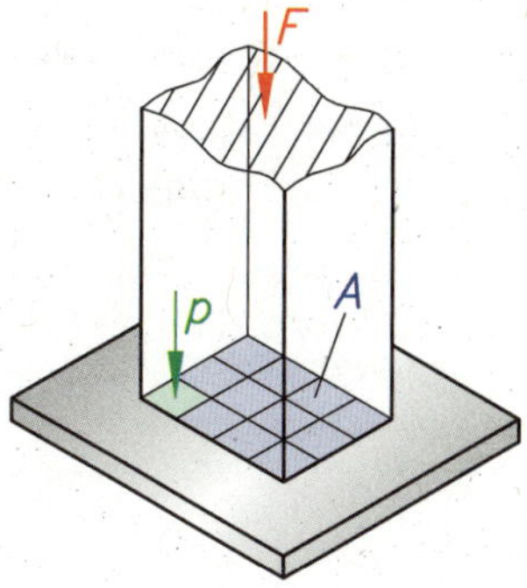

SI-Einheit Druck
Pa (Pascal) 1 Pa = 1 N/m^2
bar 1 bar = 10^5 Pa
1 bar = 10 N/cm^2

$$p = \frac{F}{A} \quad \left[\frac{N}{cm^2}\right]$$

Die im Alltag übliche Einheit bar muss für Rechnungen meist in N/cm^2 umgewandelt werden.

1. Aufgabe: Wandeln Sie die angegebenen Einheiten in bar um.

a) 27,5 N/cm^2 =
b) 350 000 Pa =
c) 124 000 N/m^2 =
d) 88 000 Pa =
e) $15{,}6 \cdot 10^5$ N/cm^2 =
f) 4 600 N/cm^2 =

2. Aufgabe: Rechnen Sie die angegebenen Einheiten in N/cm^2 um.

a) 7,3 bar =
b) 47 000 Pa =
c) 93 000 N/m^2 =
d) $6{,}5 \cdot 10^5$ Pa =
e) 640 000 N/m^2 =
f) 22,3 bar =

3. Aufgabe: Die Verbrennungsgase eines Viertaktmotors wirken auf den Kolbenboden von A = 50,4 cm^2 mit einer Kraft von F = 21 100 N.
Berechnen Sie den Verbrennungsdruck.

4. Aufgabe: Die Kolbenfläche bei einer Langhobelmaschine beträgt 78,5 cm^2, die maximale Durchzugskraft der Maschine 63 kN.
Bestimmen Sie den Flüssigkeitsdruck, der durch die Zahnradpumpe erzeugt wird.

Name	Klasse	Datum	Arbeit

Bildnachweis: Di Gaspare, Michele (Bild und Technik Agentur für technische Grafik und Visualisierung)

5. Aufgabe: Wie groß muss die Fläche eines Presskolbens sein, der mit 54 bar Druck eine Presskraft von 182 kN erzeugen soll?

6. Aufgabe: Bei der Belastung eines Kolbens mit einem Öldruck von 8 bar wird eine Kraft von 1 272 N erzeugt.
Welchen Durchmesser muss der Kolben haben? (Hilfsmittel Tabellenbuch)

7. Aufgabe: Ein Wasserleitungsrohr von 27 mm lichter Weite ist an einem Ende mit einem Stopfen abgedichtet. Das Manometer zeigt einen Druck von 2,3 bar an.
Wie groß ist die Druckkraft auf den Stopfen?

8. Aufgabe: Die Zylinderbohrungen eines Ottomotors werden von 90 mm Durchmesser auf 92 mm aufgebohrt. Der mittlere Arbeitsdruck beträgt 8,5 bar.
Um wie viel vergrößert sich die Kolbenkraft?

9. Aufgabe: In einem Rohr von 216 mm Außendurchmesser und 6 mm Wandstärke herrscht ein Druck von 15 bar. Am Rohrende ist ein Flansch mit 6 Schrauben befestigt.
Mit welcher Kraft wird jede Schraube zusätzlich belastet?

Kolbenkraft

Die Kolbenkraft wird durch den Gas- oder Flüssigkeitsdruck erzeugt, der auf jeden Quadratzentimeter des Kolbenbodens gleichmäßig wirkt.

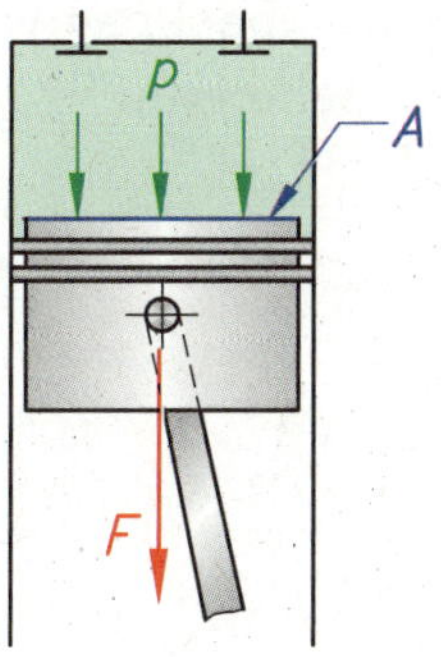

Kolbenkraft [N] = Druck [N/cm²] · Fläche [cm²]

$$F = p \cdot A \quad [N]$$

F Kraft, Kolbenkraft
A Fläche, Kolbenfläche
p Druck, Überdruck, Betriebsdruck

1. Aufgabe: Der Kolben eines Viertakt-Dieselmotors hat eine Fläche von 56,7 cm^2.
Wie groß ist die Kolbenkraft bei einem Verbrennungsdruck von $p = 720$ N/cm^2?

2. Aufgabe: Ein hydraulischer Heber hat einen Kolbendurchmesser von 160 mm. Die Hydraulik ist mit 6,5 bar Druck eingestellt.
Welche Hubkraft wird erreicht?

3. Aufgabe: Welche Presskraft erzeugt ein Arbeitskolben von 100 mm Durchmesser bei 32 bar Betriebsdruck, wenn durch Reibung 12 % der theoretischen Kolbenkraft verloren gehen?

4. Aufgabe: Wie groß ist die Kraft eines Pneumatikkolbens von 16 mm Zylinderdurchmesser, 4,5 bar Druck und einem Wirkungsgrad von 85 %?

Name	Klasse	Datum	Arbeit

Bildnachweis: Di Gaspare, Michele (Bild und Technik Agentur für technische Grafik und Visualisierung)

5. Aufgabe: Auf einen Kolben von 218 mm Durchmesser wirkt ein Druck von 10 bar. Wie viel Schrauben M 10 sind zur Befestigung von Flansch und Zylinder notwendig, um die zulässige Schraubenspannung von 80 N/mm² nicht zu überschreiten? (Spannungsquerschnitt aus Tabelle entnehmen)

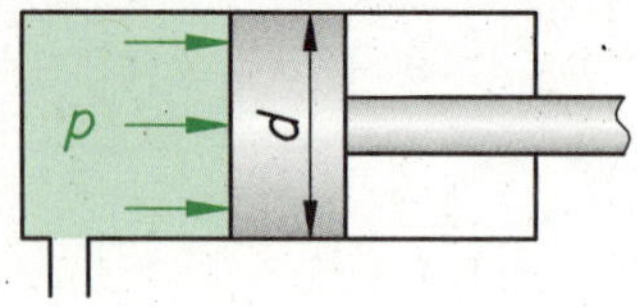

6. Aufgabe: Wie groß ist p_2 des Druckübersetzers?

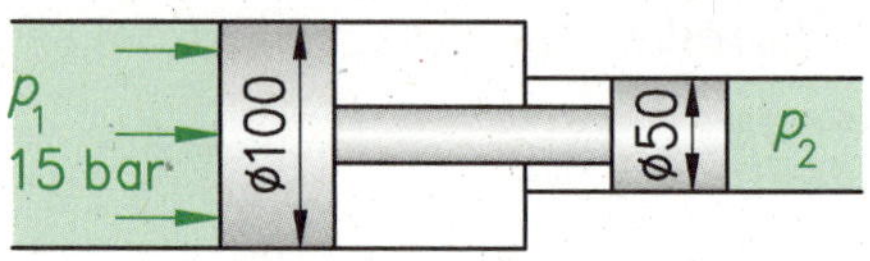

7. Aufgabe: Eine Baumaschine erzeugt eine Schubkraft von 44,25 kN. Der Arbeitskolben nimmt dabei einen Öldruck von $P = 115$ bar auf. Welchen Durchmesser muss der Kolben haben?

8. Aufgabe: Doppeltwirkender Druckluftzylinder.
Kolbendurchmesser 35 mm, Betriebsdruck 6 bar, Kraft des Rückhubs $F_2 = 510$ N
Berechnen Sie: a) Die Kraft F_1 des Arbeitshubs,
b) den Kolbenstangendurchmesser.

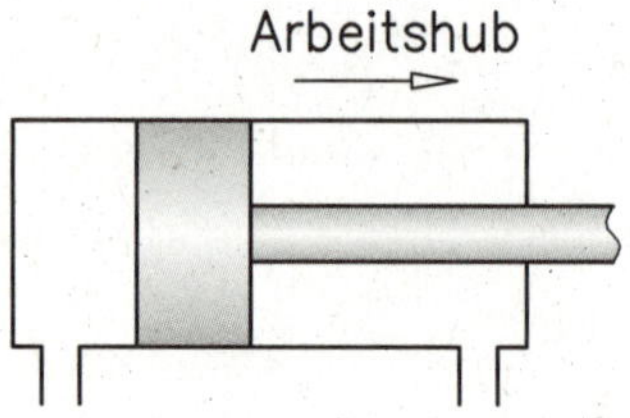

Hydraulische Presse

Der Druck, der auf eine eingeschlossene Flüssigkeit ausgeübt wird, pflanzt sich nach allen Richtungen gleichmäßig fort und wirkt an jeder Stelle gleich groß.

$$\frac{\text{Druckkraft}}{\text{Arbeitskraft}} = \frac{\text{Kolbenfläche des Druckzylinders}}{\text{Kolbenfläche des Arbeitszylinders}}$$

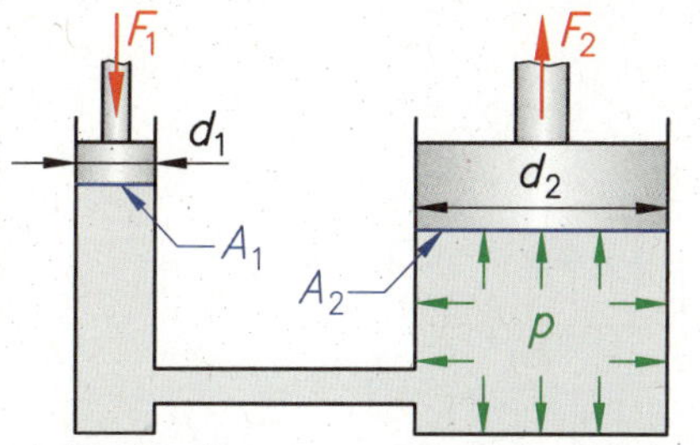

$$\frac{F_1}{F_2} = \frac{A_1}{A_2}$$

Die Kolbenkräfte verhalten sich wie die Quadrate der Kolbendurchmesser.

$$\frac{F_1}{F_2} = \frac{d_1^2}{d_2^2}$$

Die Kolbenwege verhalten sich umgekehrt wie die Kolbenflächen.

$$\frac{s_1}{s_2} = \frac{A_2}{A_1}$$

Hydraulische Übersetzung $i = \frac{F_1}{F_2}$ oder $i = \frac{A_1}{A_2}$ oder $i = \frac{d_1^2}{d_2^2}$

F_1, F_2	Kolbenkräfte
A_1, A_2	Kolbenflächen
s_1, s_2	Kolbenwege
d_1, d_2	Kolbendurchmesser

1. Aufgabe: Druckkraft $F_1 = 80$ N, Kolbenfläche $A_1 = 3\ \text{cm}^2$, Kolbenfläche $A_2 = 24\ \text{cm}^2$
Gesucht: Arbeitskraft F_2, hydraulische Übersetzung i.

2. Aufgabe: Bei einer hydraulischen Presse beträgt die Fläche des Druckzylinders 4,5 cm^2, die des Arbeitszylinders 172 cm^2. Auf den Druckzylinder wirkt eine Kraft von 120 N.
Berechnen Sie: a) die Kraft des Arbeitszylinders,
b) das hydraulische Übersetzungsverhältnis.

Name	Klasse	Datum	Arbeit

3. Aufgabe: Der Arbeitskolben einer hydraulischen Spannvorrichtung hat einen Durchmesser von 185 mm und soll eine Spannkraft von 15 kN erzeugen.

a) Mit welcher Kraft muss der Druckkolben von 20 mm Durchmesser belastet werden?

b) Wie groß ist der Weg des Druckkolbens, wenn der Weg des Arbeitskolbens 0,5 mm beträgt?

4. Aufgabe: Von einer Hebebühne soll eine 2700 kg schwere Drehmaschine hochgehoben werden.

a) Wie groß muss die Kraft des Pumpenkolbens sein, wenn der Hubkolben 280 mm Durchmesser und der Kolben der Ölpumpe 36 mm Durchmesser hat?

b) Wie groß ist das hydraulische Übersetzungsverhältnis?

5. Aufgabe: Eine Presse erzeugt eine Kraft von 50 kN mit einem Arbeitskolben von 350 mm Durchmesser. Der Druckkolben wird dabei mit 400 N belastet.

Bestimmen Sie:

a) den Durchmesser des Druckkolbens,

b) den Flüssigkeitsdruck.

6. Aufgabe: Eine hydraulische Hubvorrichtung hat einen Arbeitskolben von 160 mm Durchmesser, einen Druckkolben von 28 mm Durchmesser. Die Ölpumpe liefert einen Flüssigkeitsdruck von 72 bar.

Welche Kraft kann mit dem Arbeitskolben bei einem Wirkungsgrad von 82 % erzeugt werden?

Ohmsches Gesetz

Spannung, Stromstärke und Widerstand stehen in jedem Stromkreis in einem gesetzmäßigen Zusammenhang.

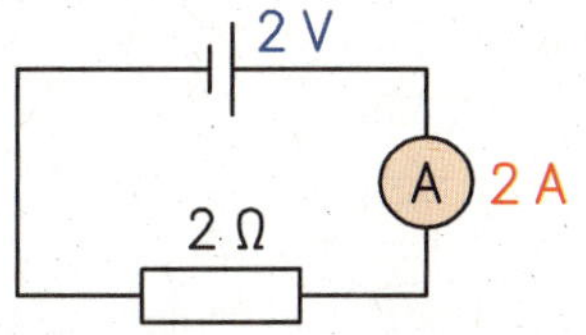

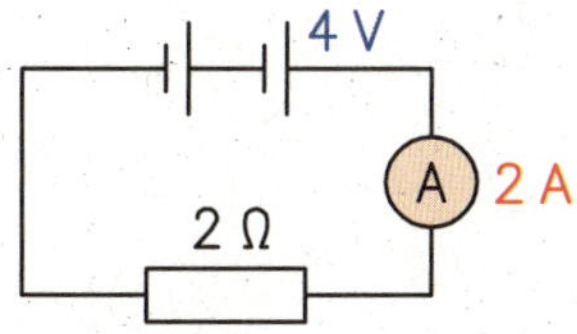

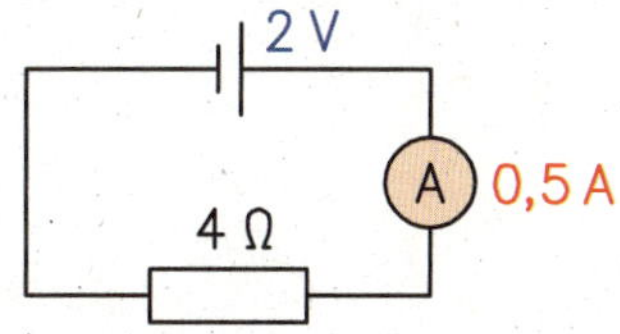

Je größer die Spannung bei gleichem Widerstand, desto größer die Stromstärke.

Je größer der Widerstand bei gleicher Spannung, desto kleiner die Stromstärke.

$$\text{Stromstärke} = \frac{\text{Spannung}}{\text{Widerstand}}$$

$$I = \frac{U}{R}$$

I Stromstärke in A
U Spannung in V
R Widerstand in Ω

1. Aufgabe: Eine Glühlampe hat einen Betriebswiderstand von $R = 1\,320\ \Omega$; sie wird an eine Netzspannung von $U = 230$ V angeschlossen.
Wie groß ist die Stromstärke I in A?

2. Aufgabe: Ein Bügeleisen mit einem Widerstand von 40 Ω wird an 230 V Spannung angeschlossen. Bestimmen Sie die Stromstärke.

3. Aufgabe: Der Scheibenwischermotor eines Kraftfahrzeuges mit einem Widerstand von 2,5 Ω wird von einer 12-V-Batterie gespeist.
Welche Stromstärke nimmt er auf?

Name	Klasse	Datum	Arbeit

Bildnachweis: Di Gaspare, Michele (Bild und Technik Agentur für technische Grafik und Visualisierung)

4. Aufgabe: An welche Spannung ist ein Widerstand von 250 Ω anzuschließen, wenn durch den Widerstand ein Strom von I = 440 mA fließen soll?

5. Aufgabe: In einer Signalanlage kann ein Strom bis zu 320 mA fließen.
Wie hoch darf die Spannung sein, wenn der angeschlossene Verbraucher einen Widerstand von 0,15 kΩ hat?

6. Aufgabe: Ein Lötkolben, der an 230 V Spannung angeschlossen ist, nimmt einen Strom von I = 0,36 A auf.
Welchen Widerstand hat die Heizpatrone des Kolbens?

7. Aufgabe: Ein Kammerofen für Temperaturen bis 1 500 °C benötigt eine Stromstärke von 14,2 A bei einer Spannung von 400 V.
Berechnen Sie den Heizwiderstand im Stromkreis.

8. Aufgabe: Versehentlich wird eine 12-V-Batterie mit einem Kupferdraht kurzgeschlossen.
Der Akku hat einen Innenwiderstand von 60 mΩ.
Wie groß ist die Kurzschlussstromstärke?

Leiterwiderstand

Der Elektronenbewegung in einem Leiter wird ein Widerstand entgegengesetzt. Dieser Widerstand ist abhängig von der Leiterlänge, vom Leiterquerschnitt, vom spezifischen Widerstand des Werkstoffes und der Temperatur.

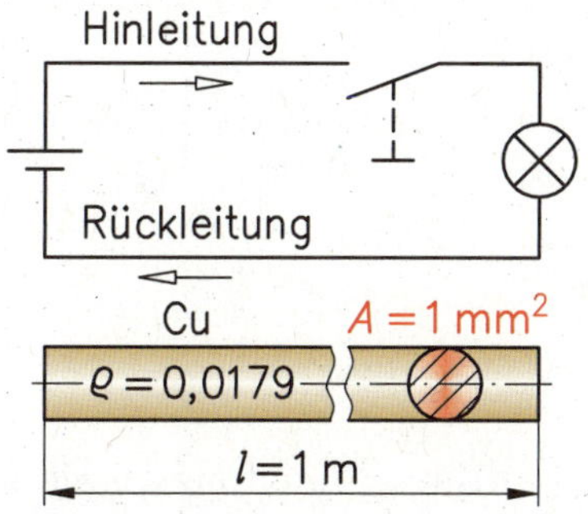

Der spezifische Widerstand ϱ (Rho) ist der Widerstand eines Leiters von 1 m Länge und 1 mm² Querschnitt bei einer Temperatur von 20 °C.

$$\text{Leiterwiderstand} = \frac{\text{spez. Widerstand} \cdot \text{Leiterlänge}}{\text{Leiterquerschnitt}}$$

Material	ϱ_{20} in $= \frac{\Omega \cdot mm^2}{m}$
Kupfer	0,0179
Aluminium	0,028
Konstantan	0,49
Nickel	0,095

$$R = \frac{\varrho \cdot l}{A}$$

R Widerstand in Ω
l Leiterlänge in m
A Leiterquerschnitt in mm²

ϱ spez. Widerstand in $\frac{\Omega \cdot mm^2}{m}$

1. Aufgabe: Kupferdraht, Leiterlänge l = 80 m, Leiterquerschnitt A = 1,5 mm²
Gesucht: Leiterwiderstand R.

2. Aufgabe: Eine Aluminiumleitung ist 36 m lang und hat eine Querschnittsfläche von 2,5 mm². Wie groß ist der Leiterwiderstand?

3. Aufgabe: Welchen Widerstand hat ein Konstantandraht von 0,5 mm Durchmesser und 120 m Länge?

Name	Klasse	Datum	Arbeit

4. Aufgabe: Die Wicklung einer Spule besteht aus Kupferdraht von 1 mm Durchmesser. Wie lang ist der verwendete Draht, wenn der Leiterwiderstand 450 mΩ beträgt?

5. Aufgabe: Eine Heizspirale wird aus 12 m Nickeldraht gebildet. Welchen Durchmesser hat der Heizleiter, wenn der Widerstand 4 Ω beträgt?

6. Aufgabe: Eine Kupferleitung von 1,8 mm Durchmesser und 2,1 km Länge soll bei gleichem Widerstand durch eine Aluminiumleitung ersetzt werden. Welchen Durchmesser erhält die Alu-Leitung?

7. Aufgabe: Die Wicklung eines Gleichstrommotors ist durchgebrannt und soll mit einem Kupferleiter von 0,4 mm Durchmesser neu gewickelt werden. Bei 24 V Spannung beträgt die Stromaufnahme 150 mA.
Berechnen Sie die Drahtlänge der Wicklung.

8. Aufgabe: Ein zweiadriges Signalkabel aus Kupfer, Leiterquerschnitt 0,5 mm^2, hat Kurzschluss. Der Widerstand vom Leitungsanfang gemessen beträgt 4,8 Ω, vom Leitungsende gemessen 2,5 Ω.

a) Welche Länge hat das Signalkabel?

b) Wie weit ist die Fehlerstelle vom Anfang der Leitung entfernt?

Reihenschaltung von Widerständen

In der Reihenschaltung sind die Verbraucher hintereinandergeschaltet.

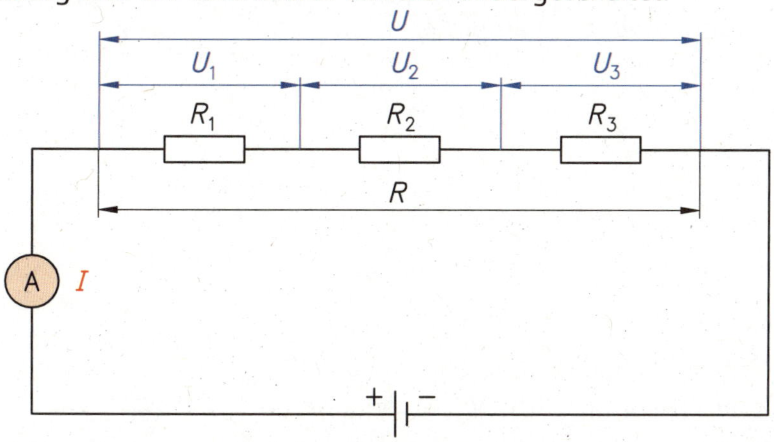

Der Gesamtwiderstand *R* ist gleich der Summe der Einzelwiderstände.

$$R = R_1 + R_2 + R_3 + \ldots \qquad [\Omega]$$

Die Stromstärke ist an allen Stellen des Stromkreises gleich groß.

An jedem Widerstand entsteht ein Spannungsabfall. Der Spannungsabfall ist umso größer, je größer der Widerstand ist. Die Gesamtspannung ist gleich der Summe der Spannungsabfälle an den Einzelwiderständen.

$$U = U_1 + U_2 + U_3 + \ldots \qquad [\mathrm{V}]$$

1. Aufgabe: Die Widerstände $R_1 = 42\ \Omega$, $R_2 = 68\ \Omega$, $R_3 = 130\ \Omega$ sind in der Reihe geschaltet.
Berechnen Sie den Gesamtwiderstand.

2. Aufgabe: An eine 12-V-Batterie sind die Widerstände 3 Ω, 4 Ω, und 8 Ω in Reihe angeschlossen.
Berechnen Sie:
a) den Gesamtwiderstand,
b) die Stromstärke,
c) den Spannungsabfall an den einzelnen Widerständen.

Name	Klasse	Datum	Arbeit

3. Aufgabe: Zwei Glühlampen mit einem Widerstand von je 1 060 Ω sind in Reihe an eine Netzspannung von 230 V geschaltet.
Wie groß ist: a) der Gesamtwiderstand,
b) die Teilspannung je Lampe?

4. Aufgabe: Eine Signalleuchte mit den Anschlusswerten 12 V, 1,75 A soll über einen Vorwiderstand an 60 V angeschlossen werden. Wie groß ist der Vorwiderstand zu wählen?

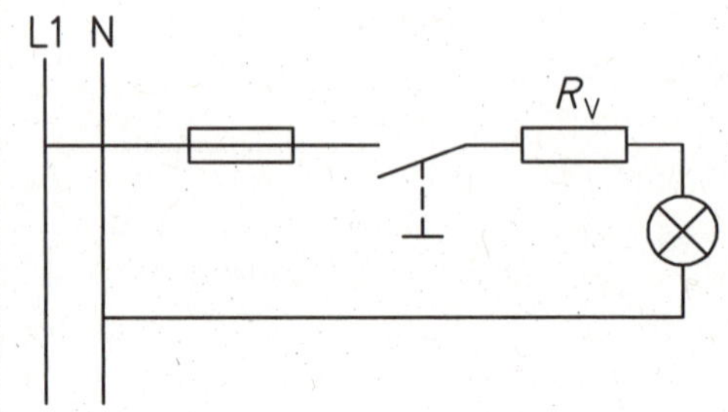

5. Aufgabe: Eine Leuchte 6 V/15 W soll an eine Spannung von 24 V angeschlossen werden. Berechnen Sie den Vorwiderstand.

6. Aufgabe: Eine elektrische Schaufensterbeleuchtung, 230 V, besteht aus 16 in Reihen geschalteten Lämpchen. Welche Spannung hat jedes Lämpchen?

7. Aufgabe: Berechnen Sie von der Schaltung nach Skizze:
a) den Gesamtwiderstand R,
b) die Stromstärke I,
c) die Teilspannungen U_1 und U_2,
d) die Leistungen P_1 und P_2 der Einzelwiderstände,
e) die Gesamtleistung P.

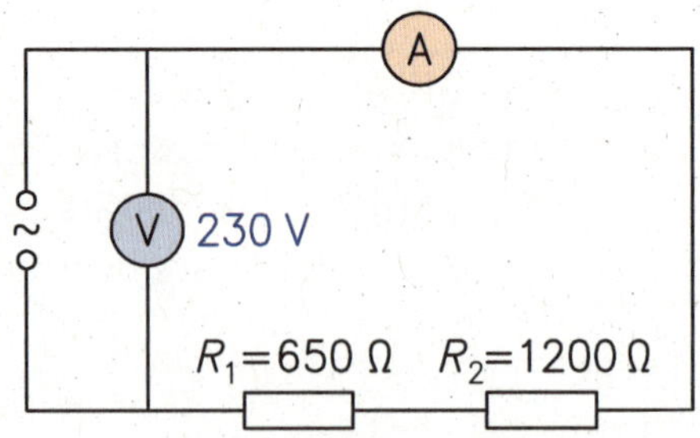

Parallelschaltung von Widerständen

In der Parallelschaltung sind alle Widerstände an der gleichen Spannung.

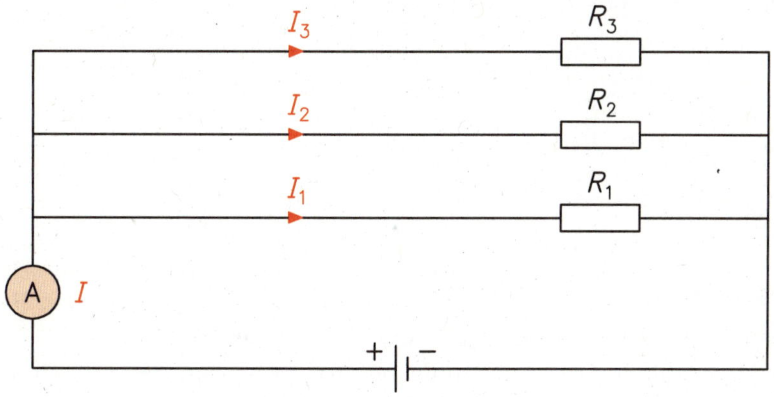

Der Gesamtstrom ist gleich der Summer der Teilströme.

$$I = I_1 + I_2 + I_3 + \ldots \quad [A]$$

Der Gesamtwiderstand (Ersatzwiderstand) *R* ist kleiner als der kleinste Teilwiderstand.

$$\frac{1}{R} = \frac{1}{R_1} + \frac{1}{R_2} + \frac{1}{R_3} + \ldots \quad [\Omega]$$

Für 2 parallel geschaltete Widerstände gilt:

$$R = \frac{R_1 \cdot R_2}{R_1 + R_2} \quad [\Omega]$$

1. Aufgabe: Drei Widerstände ($R_1 = 12\ \Omega$, $R_2 = 8\ \Omega$, $R_3 = 2\ \Omega$) sind parallel geschaltet. Berechnen Sie den Gesamtwiderstand.

2. Aufgabe: Die Heizwicklungen von 50 Ω und 80 Ω sind parallel geschaltet. Wie groß ist ihr Ersatzwiderstand?

Name	Klasse	Datum	Arbeit

3. Aufgabe: An einer 6-V-Batterie sind die Widerstände 3 Ω und 7 Ω parallel geschaltet.
Berechnen Sie: a) den Gesamtwiderstand, b) die Teilströme, c) den Gesamtstrom.

4. Aufgabe: Zwei Scheinwerferlampen mit je 3,6 Ω Widerstand und zwei Bremslichtlampen mit je 8 Ω Widerstand liegen in Parallelschaltung an einer 12-V-Batterie.
Berechnen Sie: a) den Ersatzwiderstand, b) die Teilströme, c) den Gesamtstrom.

5. Aufgabe: Eine Glühlampe von 40 W und eine Glühlampe von 100 W sind parallel geschaltet und am 230-V-Netz angeschlossen.

a) Wie viel Strom wird dem Netz entnommen?
b) Wie groß ist der Gesamtwiderstand der Schaltung?

6. Aufgabe: Zu einem Widerstand von 175 Ω soll ein zweiter parallel geschaltet werden, sodass der Gesamtwiderstand 50 Ω beträgt.
Welcher Widerstand ist erforderlich?

Elektrische Leistung

Die elektrische Leistung wird von der Spannung und von der Stromstärke bestimmt.

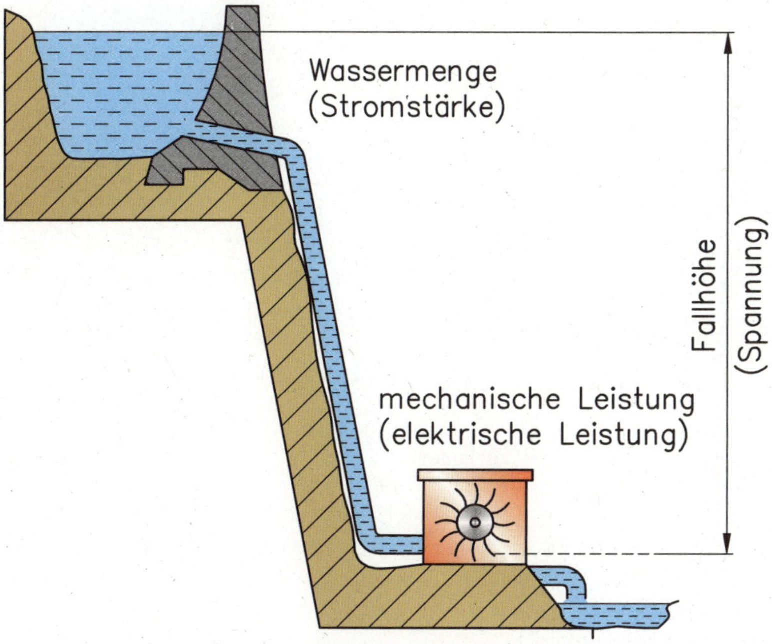

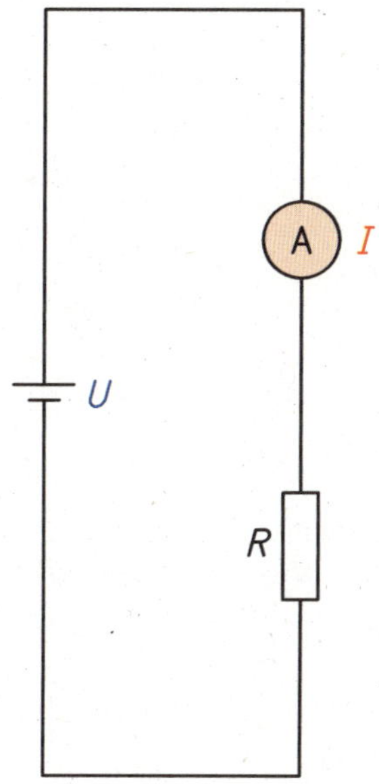

Elektrische Leistung = Spannung × Stromstärke

$$P = U \cdot I$$ [W, kW]

Erweiterung: Nach dem ohmschen Gesetz kann für U der Wert $I \cdot R$ und für I der Wert $\frac{U}{R}$ eingesetzt werden.

$$P = I^2 \cdot R$$ oder $$P = \frac{U^2}{R}$$

Maßeinheiten: 1 Kilowatt = 1 kW = 1000 W
1 Megawatt = 1 MW = 1000000 W

1. Aufgabe: Eine Glühlampe nimmt an einer Spannung von 230 V eine Stromstärke von 0,326 A auf.
Wie groß ist ihre Leistung?

2. Aufgabe: Ein Warmwasserbereiter, der an 230 V Spannung angeschlossen ist, benötigt eine Stromstärke von 18 A.
Wie hoch ist die Leistungsaufnahme der Heizwicklung?

Name	Klasse	Datum	Arbeit

3. Aufgabe: An einer Stromquelle von 440 V ist ein Gleichstrommotor angeschlossen. Das Amperemeter zeigt eine Stromstärke von 4,5 A an.
Welche Leistung nimmt der Motor auf?

4. Aufgabe: Eine Leitung aus Kupfer hat einen Widerstand von 0,75 Ω. Durch die Leitung fließt ein Strom von 16 A.

a) Wie viel W elektrische Leistung gehen in der Leitung verloren?
b) Um wie viel V sinkt die Spannung ab?

5. Aufgabe: Die Spule eines Lastmagneten mit einem Widerstand von 32 Ω ist an 230 V Spannung angeschlossen.

a) Welche Leistung nimmt die Spule auf?
b) Welcher Strom fließt durch die Wicklung?

6. Aufgabe: An welche Spannung ist ein Widerstand von 16 Ω anzuschließen, wenn seine Belastung 3,307 kW betragen soll?

Elektrische Arbeit

Die elektrische Arbeit ist von der Leistung eines Verbrauchers und dessen Einschaltdauer abhängig.

Elektrische Arbeit = Leistung · Zeit

$$W = P \cdot t$$

[Ws, Wh, kWh]

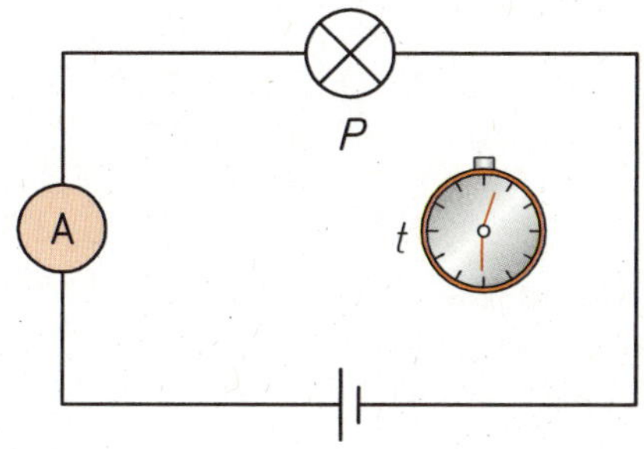

1 Wattsekunde = 1 Ws = 1 J = 1 Nm
1 Wattstunde = 1 Wh = 3600 Ws

1 Kilowattstunde 1 kWh = 1 000 Wh = 3 600 000 Ws
1 kWh = 3600 kJ = 3,6 MJ

1. Aufgabe: Verwandeln Sie:

80 Wh = kWh
10 800 Ws = kWh
4 600 Wh = kWh
0,25 kWh = Ws = MJ
7 200 000 Ws = kWh
17 280 kJ = kWh

2. Aufgabe: Eine 75-W-Lampe ist an 5 Arbeitstagen täglich 3 h eingeschaltet.
Berechnen Sie die elektrische Arbeit in Wh und kWh.

3. Aufgabe: Wie viel kWh entnimmt ein Elektromagnet von 2 800 W dem Netz, wenn er täglich 6 ½ h eingeschaltet ist?

4. Aufgabe: Eine Glühlampe von 60 W ist von 20:30 Uhr bis 07:00 Uhr eingeschaltet. 1 kWh kostet 13,5 Cent.
Berechnen Sie: a) die elektrische Arbeit,
b) die Stromkosten.

Name	Klasse	Datum	Arbeit

5. Aufgabe: Ein 80-l-Heißwasserspeicher von 6000 W braucht zur Erwärmung des Wassers von 12 °C auf 85 °C 1 h 20 min.

a) Wie viel kWh werden verbraucht?

b) Wie hoch sind die Stromkosten, wenn 1 kWh 12,6 Cent kostet?

6. Aufgabe: Ein Elektromotor, 230 V, 42 A, ist täglich 7 ½ h voll belastet.
Wie groß ist die elektrische Arbeit des Motors an einem Tag?

7. Aufgabe: Ein Saunaofen mit einer Betriebsspannung von 380 V braucht zum Aufheizen der Kabine auf 80 °C 50 min. Der Ofen nimmt dabei eine Stromstärke von 17,8 A auf.
Bestimmen Sie die elektrische Arbeit.

8. Aufgabe: Für eine Schweißarbeit sind 2 h 15 min reine Schweißzeit notwendig.
Das Schweißgerät ist mit 180 A und 25 V eingestellt.
Berechnen Sie die elektrische Arbeit in kWh bei einem Leistungsverlust von 25 %.

Praxisorientierte Fertigungsaufgabe: Treppengeländer

POS	ANZAHL	BESCHREIBUNG	NORM	MATERIAL
1	9	Füllstab	CFRHS - EN 10219 - 20 x 20 x 2	S235JR
2	2	Pfosten	CFRHS - EN 10219 - 40 x 40 x 2	S235JR
3	1	Bogen_1	CFRHS - EN 10219 - 40 x 40 x 2	S235JR
4	1	Obergurt	CFRHS - EN 10219 - 40 x 40 x 2	S235JR
5	1	Bogen_2	CFRHS - EN 10219 - 40 x 40 x 2	S235JR
6	1	Bogen_3	CFRHS - EN 10219 - 40 x 40 x 2	S235JR
7	1	Untergurt	FI DIN EN 10058 - 40 x 20	S235JR

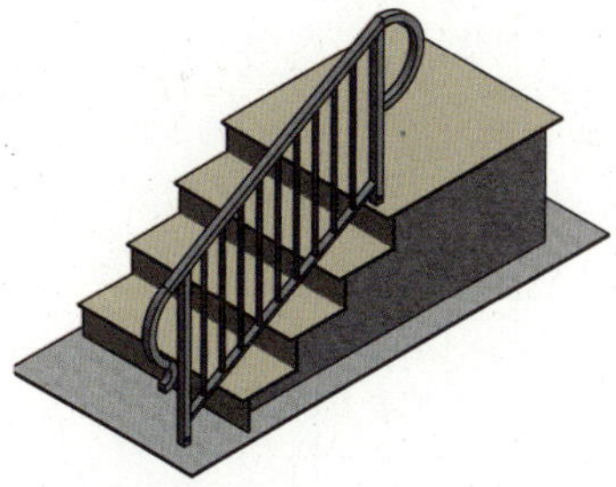

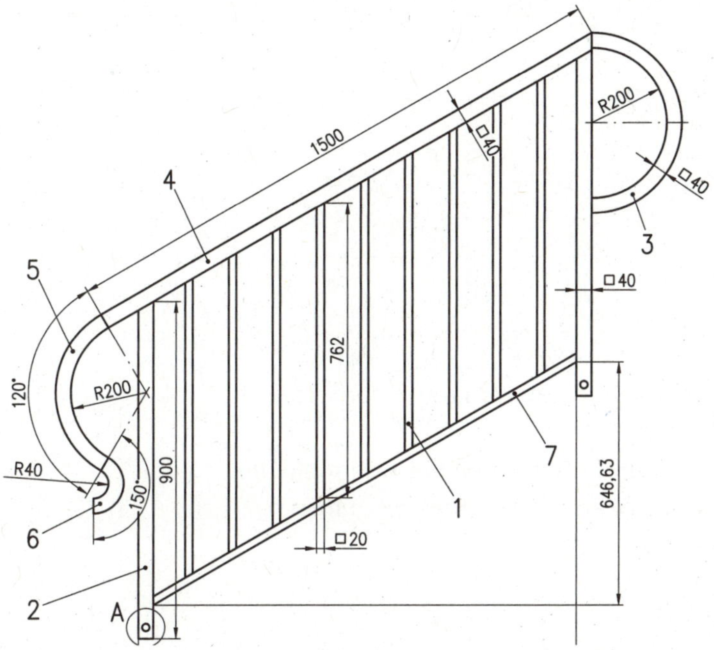

Für den Treppenaufgang zur Werkskantine ist ein neues Geländer erforderlich, welches in seiner Gestaltung zu bereits vorhandenen Geländern im Gebäude passen soll. Sie erhalten den Auftrag, die nötigen Berechnungen durchzuführen.

1. Aufgabe: Berechnen Sie die gestreckte Länge des Handlaufs (Pos. 3-6).

Name	Klasse	Datum	Arbeit

2. Aufgabe: Die lichte Weite zwischen den Pfosten beträgt 1 120 mm. Welchen Abstand haben die 9 Füllstäbe, wenn die Teilung und Randabstände gleich sind?

3. Aufgabe: Berechnen Sie die Masse der beiden Pfosten. Entnehmen Sie die Werte der längenbezogenen Masse aus Ihrem Tabellenbuch.

4. Aufgabe: In beiden Pfosten sind Bohrungen d = 20 mm mit einem Bohrer aus Schnellarbeitsstahl zu fertigen.

a) Ermitteln Sie rechnerisch die Drehzahl zum Bohren der Durchgangslöcher.

b) Bestimmen Sie die Drehzahl anhand des Drehzahldiagramms in Ihrem Tabellenbuch.

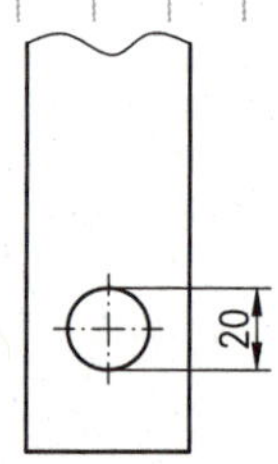

5. Aufgabe: Berechnen Sie die Länge des Untergurts (Pos. 7).

Praxisorientierte Fertigungsaufgabe: Wandregal

POS	ANZAHL	BESCHREIBUNG	NORM	MATERIAL
1	1	Bügel	Rohr EN 754-3 - 20 x 1	EN AW-Al 99,8
2	1	Wandwinkel	L EN 10056-1 - 30 x 20 x 3	S235JR
3	4	Wandhalter	Band EN 485-4 - 50 x 40 x 100	EN AW-Al 99,8
4	1	Regalboden	Band EN 485-4 - 250 x 10 x 400	EN AW-Al 99,8
5	6	Flachkopfschraube	ISO 7045 - M10 x 12 - 4.8	Stahl
6	4	Sechskantschraube	ISO 10642 - M8 x 25	Stahl
7	4	Hutmutter	DIN 1587 - M8	Stahl

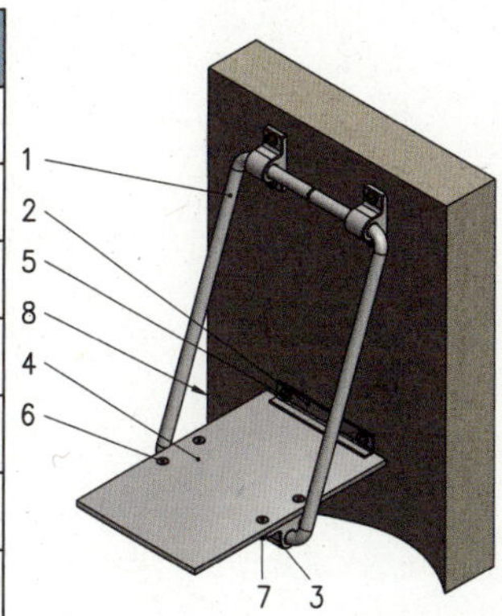

Sie bauen für die Gartenlaube ein klappbares Wandregal. Um es zu Fertigen benötigen Sie einige Berechnungen. Führen Sie diese durch.

1. Aufgabe: Berechnen Sie die gestreckte Länge des Bügels (Pos. 1).

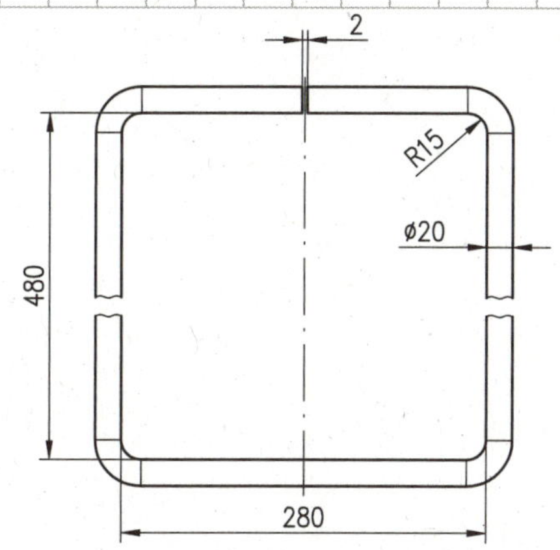

2. Aufgabe: Das Wandregal soll montiert werden. Bestimmen Sie das Maß *X* zum Setzen der Dübel.

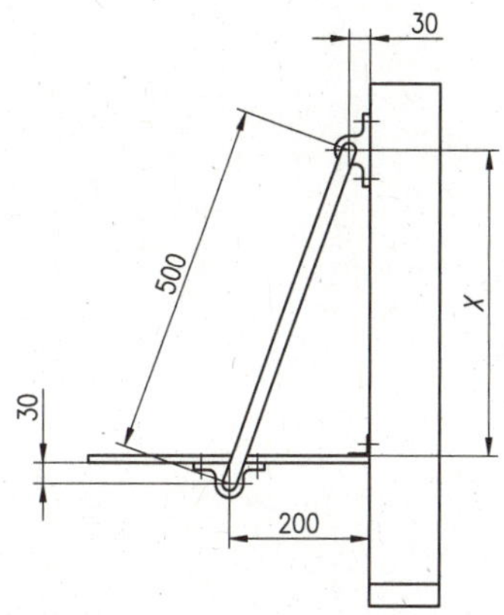

Name	Klasse	Datum	Arbeit

3. Aufgabe: Ermitteln Sie die Masse des Regalbodens (Pos. 4). Die Bohrungen sind zu vernachlässigen.

4. Aufgabe: Die Wandhalter (Pos. 3) haben Bohrungen mit d = 12 mm. Berechnen Sie die Drehzahl für die Fertigung mit einem HSS-Bohrer.

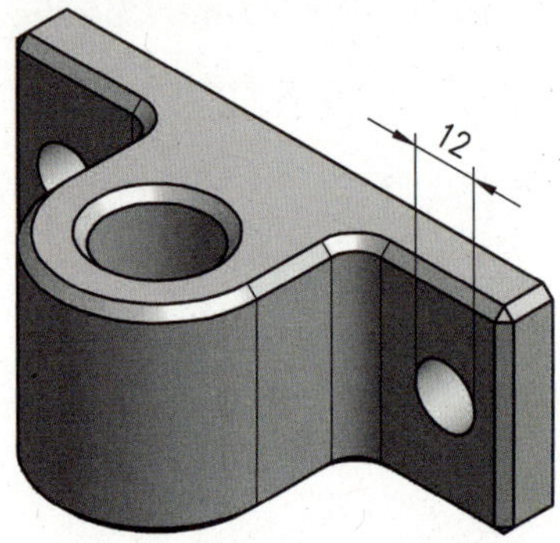

5. Aufgabe: Welche Kraft F_2 muss der Bügel einer Blumenvase mit F_1 = 50 N entgegensetzen?

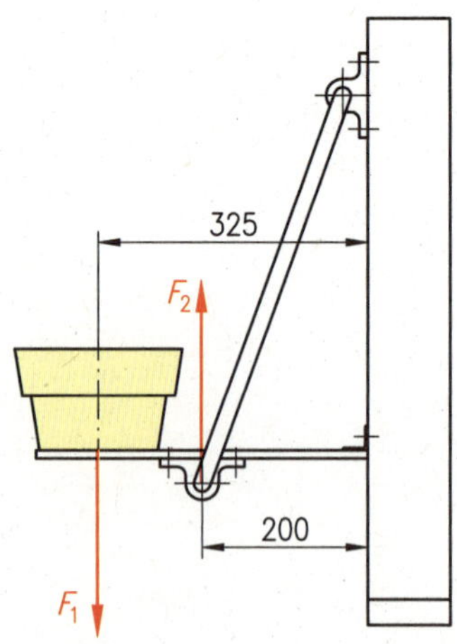

Praxisorientierte Fertigungsaufgabe: Stützfuß

POS	ANZAHL	BESCHREIBUNG	NORM	MATERIAL
1	1	Bodenplatte	Flach DIN EN 10058 - 160 x 160 x 6	S235
2	2	Seitenteil	Flach DIN EN 10058 - 100 x 185 x 6	S235

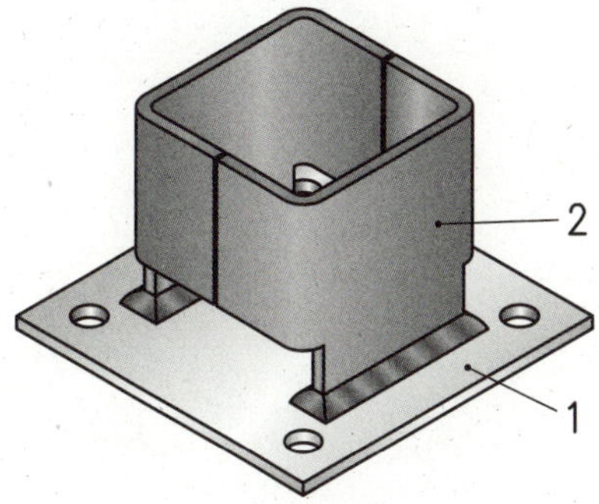

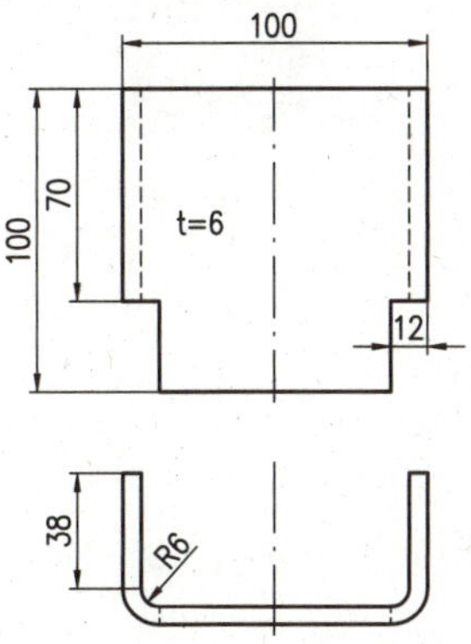

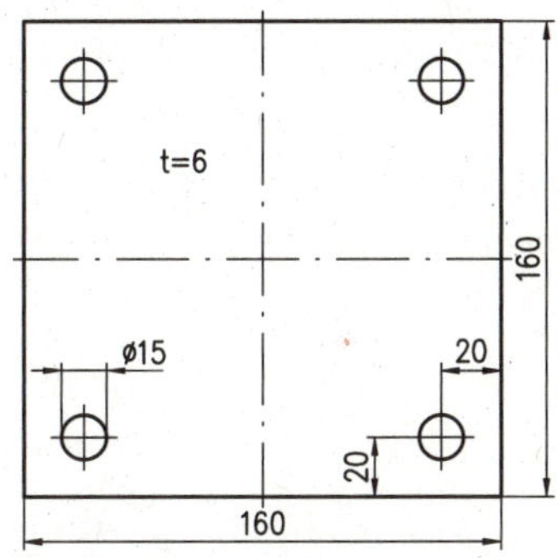

In Ihrer Werkstatt werden neue Stützfüße für Trennwände benötigt. Führen Sie die Berechnungen durch.

1. Aufgabe: Ermitteln Sie die Masse des Stützfußes. Die Masse eines Seitenteils (Pos. 2) beträgt 700 Gramm. Berücksichtigen Sie die beiden Schweißnähte mit insgesamt 50 Gramm.

2. Aufgabe: Berechnen Sie das Prüfmaß *X*.

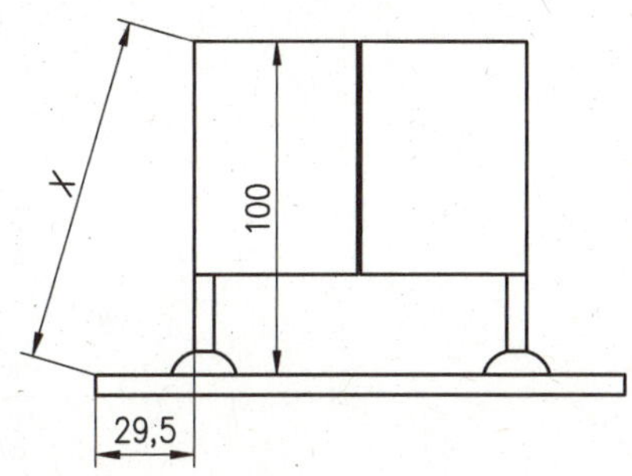

Name	Klasse	Datum	Arbeit

3. Aufgabe: Welches Drehmoment wirkt auf den Stützfuß, wenn ein 1,2 m langer Pfosten montiert wird?

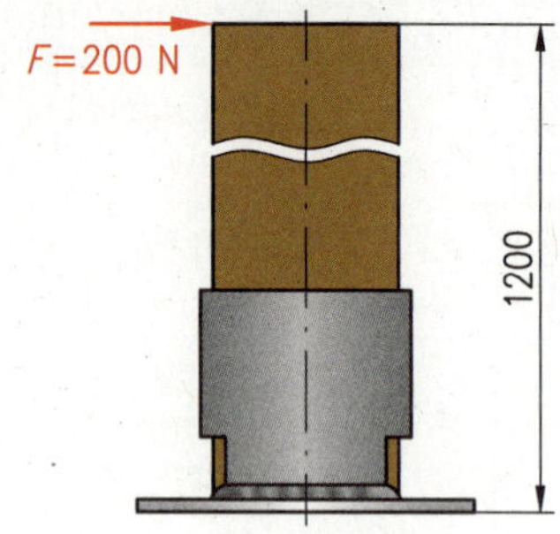

4. Aufgabe: Bestimmen Sie die Drehzahl zum Fertigen der Bohrungen mit einem HSS-Bohrer in der Bodenplatte.

5. Aufgabe: Überprüfen Sie rechnerisch, ob die Rohmaße laut Teileliste für das Seitenteil (Pos. 2) ausreichend sind. Schreiben Sie einen Antwortsatz.

Praxisorientierte Fertigungsaufgabe: Vordach

POS	ANZAHL	BESCHREIBUNG	NORM	MATERIAL
1	2	Dachträger	CFRHS – EN 10219 – 20 x 20 x 2	S235JR
2	1	Dach	ISO 7823 - 2	Acryl, farblos
3	6	Sechskantschraube mit Flansch	DIN 6921 - M8 x 16	Stahl

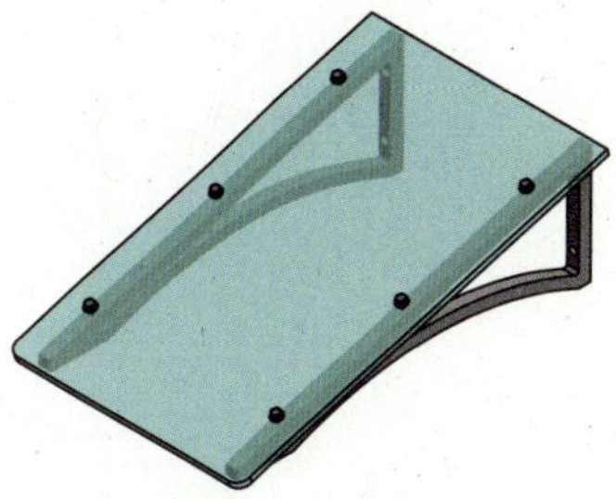

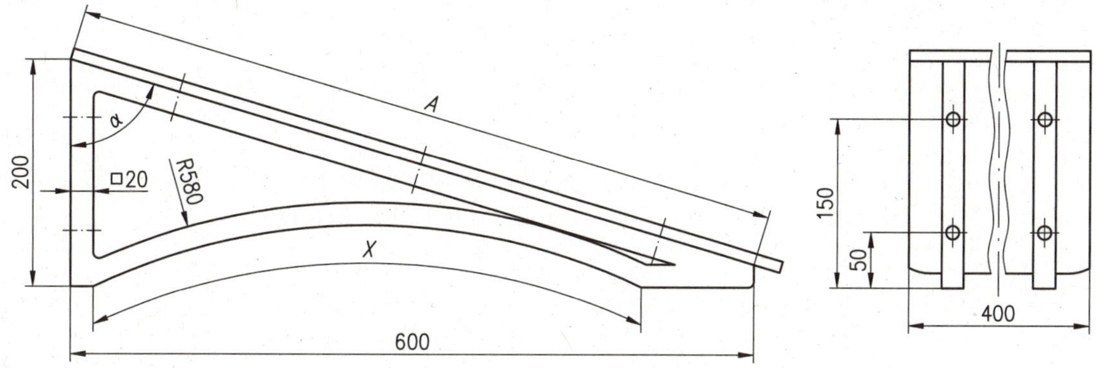

Ihre Firma erhält den Auftrag ein Vordach zu erstellen. Ermitteln Sie die geforderten Werte, um das Vordach fertigen zu können.

1. Aufgabe: Ermitteln Sie die Länge *A* des Dachträgers (Pos. 1).

2. Aufgabe: Berechnen Sie mithilfe der Winkelfunktion den Winkel *α*.

Name	Klasse	Datum	Arbeit

3. Aufgabe: Wie schwer ist ein Dachträger (Pos. 1)? Das Profil hat eine Gesamtlänge von 1 460 mm. Die längenbezogene Masse beträgt 1,1 Kilogramm pro Meter.

4. Aufgabe: Welche Kraft wirkt auf die obere Wandbefestigung, wenn eine Kraft F_1 = 500 N an der Spitze des Vordaches nach unten zieht? Nutzen Sie das Hebelgesetz.

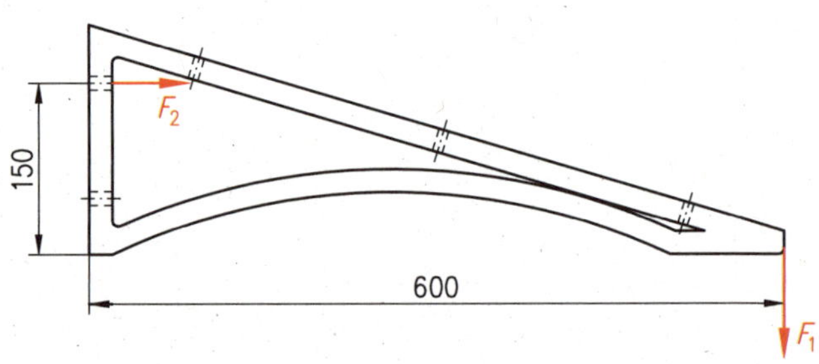

5. Aufgabe: Um das Dach (Pos. 2) mit den Dachträgern zu verbinden, müssen 6 Durchgangslöcher gebohrt werden. Ermitteln Sie die Drehzahl zum Bohren der Durchgangslöcher d = 10 mm im Dach (Pos. 2). Sie verwenden einen Bohrer aus Schnellarbeitsstahl.

Praxisorientierte Fertigungsaufgabe: Schließblech

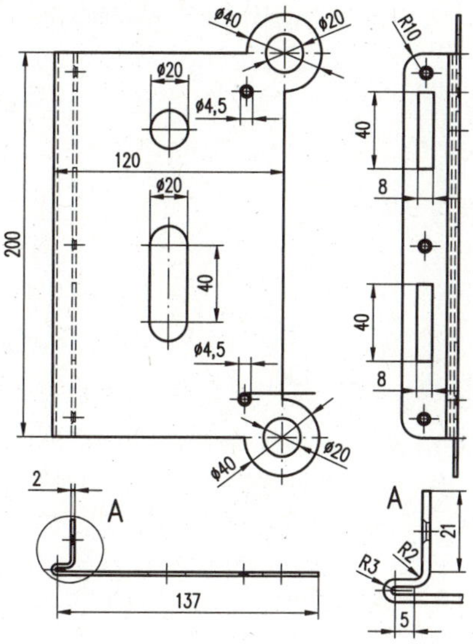

Ihre Firma erhält den Auftrag für eine alte Tür ein neues Schließblech zu fertigen. Unterstützen Sie die Fertigung und ermitteln Sie die nötigen Werte.

1. Aufgabe: Ermitteln Sie die gestreckte Länge des Schließblechs.

2. Aufgabe: Das Schließblech wird aus Blech gestanzt. Berechnen Sie den Außenumfang des Schließblechs.

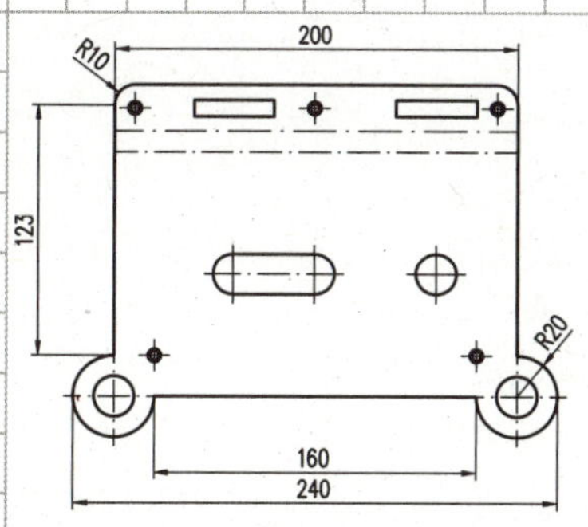

Name	Klasse	Datum	Arbeit

3. Aufgabe: Welche Masse hat das kupferne Schließblech bei einer Blechstärke von $t = 2$ mm?
Die Fläche des Schließblechs beträgt 312,5 cm².

4. Aufgabe: Bestimmen Sie die Drehzahl zum Fertigen der Bohrungen $d = 4{,}5$ mm. ($v_c = 30$ *m/min*)

5. Aufgabe: Das Schließblech wird mit einer hydraulischen Presse gefertigt. Welche Druckkraft ist nötig, wenn die Arbeitskraft 3000 N betragen soll? Der Arbeitszylinder hat einen Durchmesser von 100 mm, der Druckzylinder einen Durchmesser von 20 mm.

Praxisorientierte Fertigungsaufgabe: Schraubklemme

POS	ANZAHL	BESCHREIBUNG	NORM	MATERIAL
1	1	Gewindeklotz	Vierkant EN 10278 – 30 x 20	S235
2	1	Spannschraube	M10 x 1	S235
3	1	Bodenplatte	Flach EN 10278 – 30 x 10 x 200	S235
4	1	Druckstück	Rund EN 10278 – 30 x 20	S235
5	1	Gegenhalter	Flach EN 10278 – 30 x 20 x 58	S235

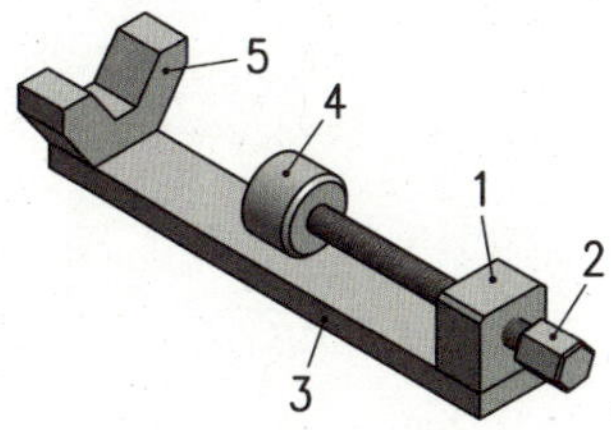

In Ihrer Schule wird eine Klebevorrichtung benötigt. Sie erhalten den Auftrag eine Schraubklemme zu fertigen.

1. Aufgabe: Ermitteln Sie mithilfe des Pythagoras das Maß *X*.

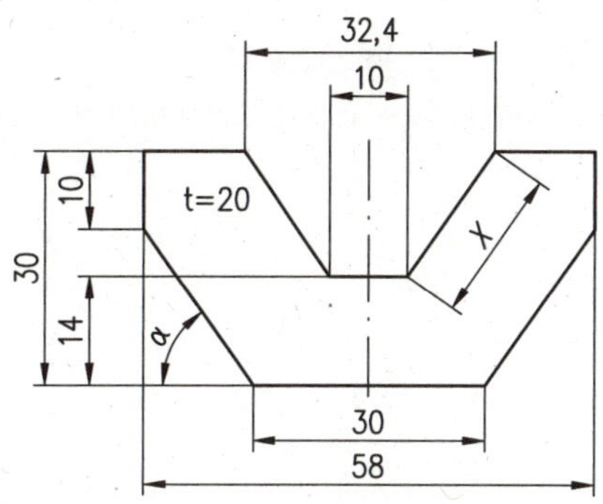

2. Aufgabe: Bestimmen Sie den Winkel α.

3. Aufgabe: Wie schwer wird die Konstruktion bei einem Gesamtvolumen von 125 cm³?

Name	Klasse	Datum	Arbeit

4. Aufgabe: Welche Kraft ist nötig, um mit den Druckstück (Pos. 4) einen Druck von 10 N/mm^2 auszuüben?

5. Aufgabe: Welche Handkraft ist nötig, um eine Klemmkraft von 7000 N zu erzielen? Der Hebelarm des Schraubenschlüssels beträgt 320 mm.

Praxisorientierte Fertigungsaufgabe: Messgerätehalter

Für die Lehrwerkstatt sollen Messgerätehalter angefertigt werden. Sie sollen einzelne Teile fertigen. Führen Sie die nötigen Berechnungen durch.

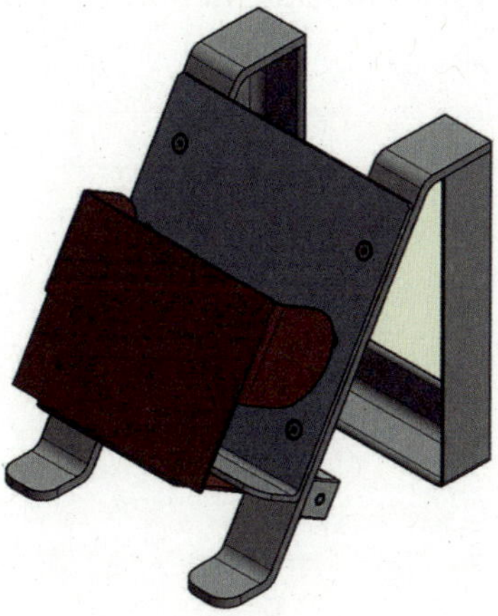

1. Aufgabe: Der Messgerätehalter schließt durch ein Gegengewicht. Es wird in der Teileliste folgend angegeben:
Fl DIN EN 10058 – 40 x 20 x 88 – S235JR
Berechnen Sie die Gewichtskraft mithilfe der längenbezogenen Masse. Die erforderlichen Werte entnehmen Sie dem Tabellenbuch.

2. Aufgabe: Welchen Drehmoment entwickelt das Gegengewicht, wenn es mit 10 N rechtwinklig Drehpunkt mit einem Hebelarm von 30 mm befestigt wird?

Name	Klasse	Datum	Arbeit

3. Aufgabe: Bestimmen Sie die Gesamtlänge des Bügels über die neutrale Faser.

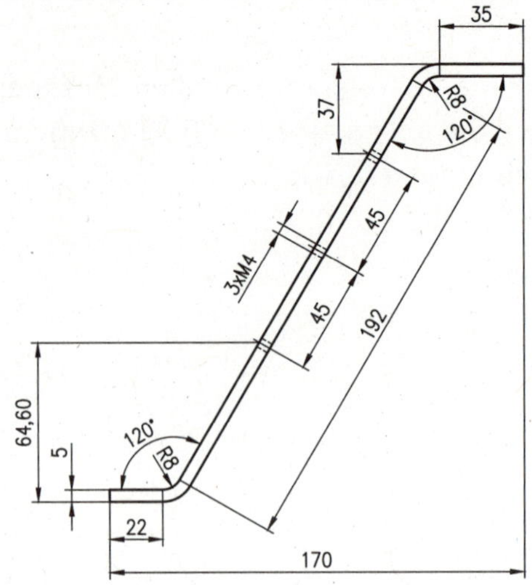

4. Aufgabe: Bestimmen Sie für die Durchgangsbohrung $d = 5$ mm die Drehzahl des HSS-Bohrers. Die Schnittgeschwindigkeit beträgt 40 m/min.

5. Aufgabe: Der Bügel soll eine zusätzliche Bohrung und somit insgesamt 4 Bohrungen erhalten. Teilen Sie die Strecke von 192 mm in gleiche Teile.

Praxisorientierte Fertigungsaufgabe: Wahlurne

In Ihrer Schule werden Wahlurnen benötigt. Unterstützen Sie die Fertigung bei der Berechnung!

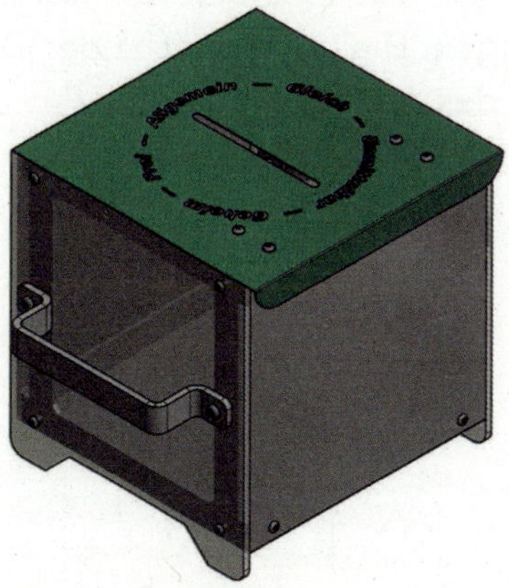

1. Aufgabe: Berechnen Sie die Außenkantenlänge des Deckels.

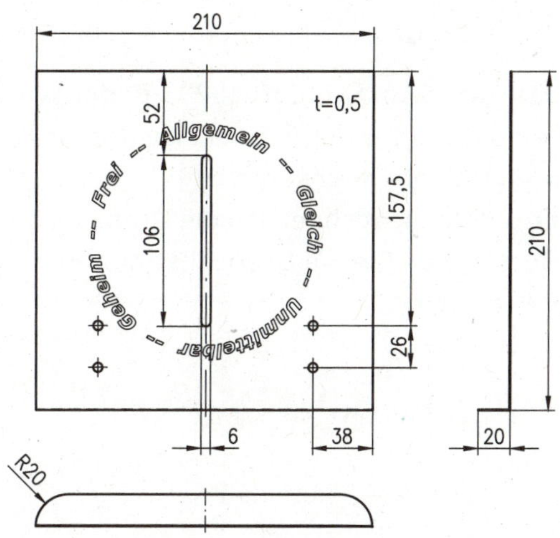

2. Aufgabe: Der Einwurf im Deckel wird gestanzt. Berechnen Sie die Schnittfläche bei einer Blechstärke von 0,8 mm.

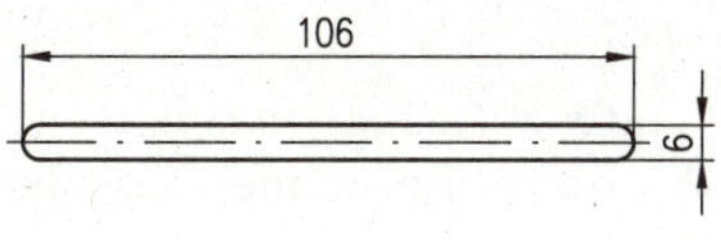

Name	Klasse	Datum	Arbeit

3. Aufgabe: Die Ausstanzung im Deckel wird mit einer hydraulischen Presse gefertigt. Die Kraft am Arbeitskolben soll min. 2 kN betragen. Die Handkraft am Druckkolben soll max. 200 N betragen. Die Kolbenfläche des Druckkolbens beträgt 100 mm². Berechnen Sie die nötige Kolbenfläche des Arbeitskolbens.

4. Aufgabe: Am Dreharm (S235JR) der Wahlurne sind 2 Passungen ⌀ 10H7 mit einem Bohrer aus Schnellarbeitsstahl zu fertigen. Als Reibaufmaß werden 0,2 mm angesetzt.

a) Ermitteln Sie rechnerisch die Drehzahl zum Bohren der Durchgangslöcher.

b) Bestimmen Sie die Drehzahl anhand des Drehzahldiagramms in Ihrem Tabellenbuch.

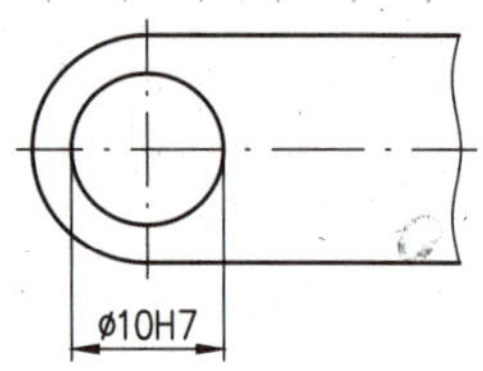

5. Aufgabe: Berechnen Sie das Prüfmaß X.

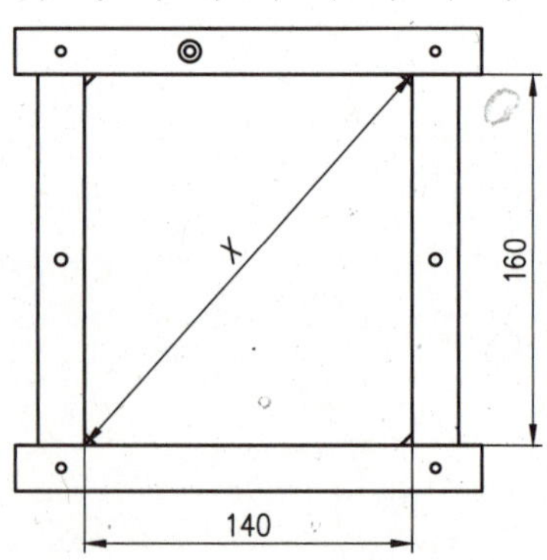

Praxisorientierte Fertigungsaufgabe: Bohrschablone

Die Fertigungsabteilung benötigt eine Bohrschablone.
Führen Sie die nötigen Berechnungen durch.

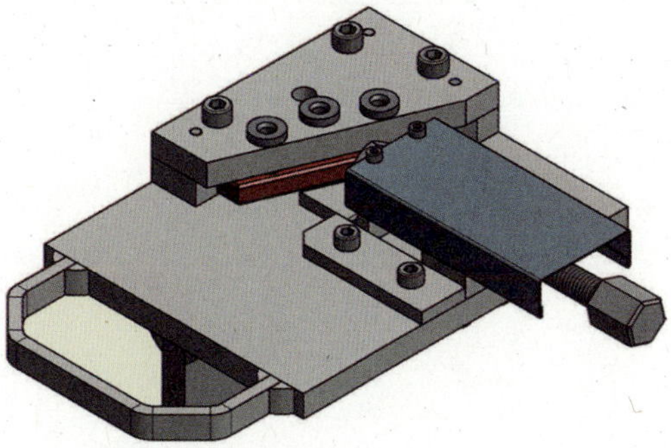

1. Aufgabe: Berechnen Sie die gestreckte Länge des Bügels mit Hilfe der neutralen Faser. Der Bügel hat eine Materialdicke von 5 mm.

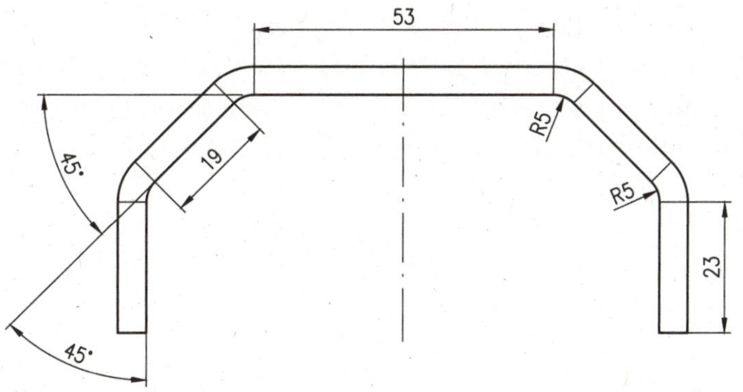

2. Aufgabe: Berechnen Sie den Anziehmoment der Zylinderschrauben bei einer Handkraft von $F = 60$ N und einem Hebelarm $l = 140$ mm.

Name	Klasse	Datum	Arbeit

3. Aufgabe: Das Rohmaterial (30 mm x 30 mm x 20 mm) des Gewindeblocks besteht aus S235JR. Berechnen Sie die Masse für 100 Rohlinge.

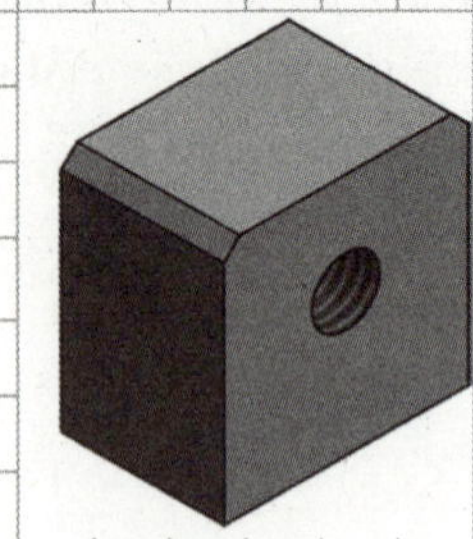

4. Aufgabe: Das Werkstück, welches mit der Bohrschablone gefertigt wird, sind 3 Bohrungen *d* = 8,5 mm mit einem Bohrer aus Schnellarbeitsstahl zu fertigen.

a) Ermitteln Sie rechnerisch die Drehzahl zum Bohren der Durchgangslöcher.

b) Bestimmen Sie die Drehzahl anhand des Drehzahldiagramms in Ihrem Tabellenbuch.

5. Aufgabe: Berechnen Sie die Länge der Schräge.

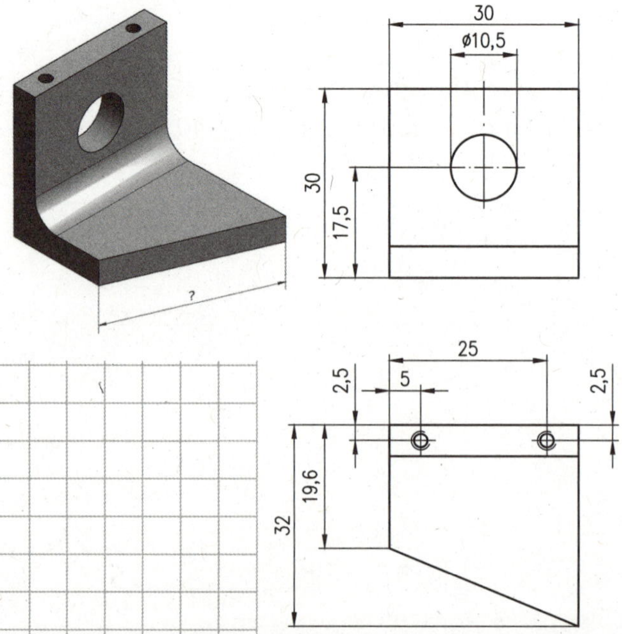

Praxisorientierte Fertigungsaufgabe: Kettenkasten

Kettenkästen fangen auslaufende Ketten an Kettenzügen auf und erhöhen so die Sicherheit. Ein Montagetrupp benötig einen Kettenkasten. Unterstützen Sie bei der Berechnung!

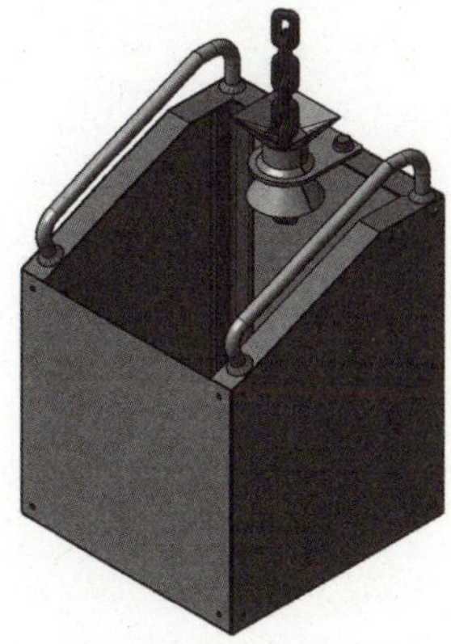

1. Aufgabe: Berechnen Sie die gestreckte Länge des Bügels.

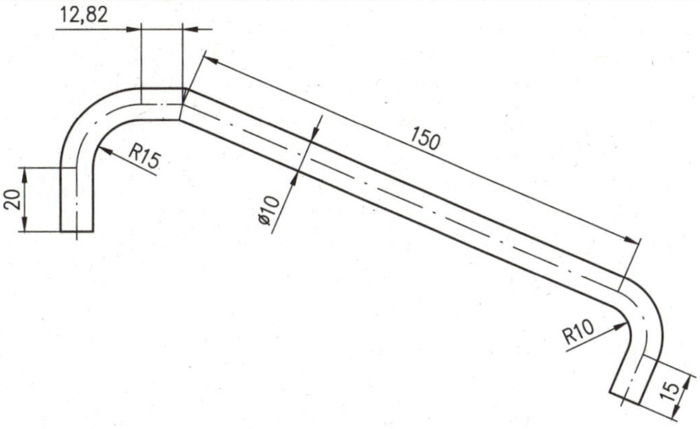

2. Aufgabe: Der Rahmen des Kettenkastens enthält L-Profile in der Länge von 2,344 m. Berechnen Sie die mit Hilfe der längenbezogenen Masse von 0,882 kg/m die Materialkosten bei einem Preis von 11,50 kg/m.

Name	Klasse	Datum	Arbeit

3. Aufgabe: Berechnen Sie das Kontrollmaß *X*.

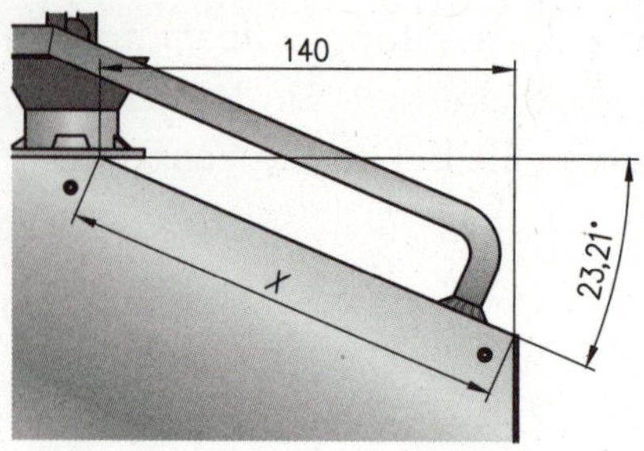

4. Aufgabe: Der Kettenkasten hat samt Kette ein Gesamtgewicht von 42 Kilogramm. Wieviel Belastung muss die Aufhängung standhalten?

5. Aufgabe: Berechnen Sie das Prüfmaß *X*.

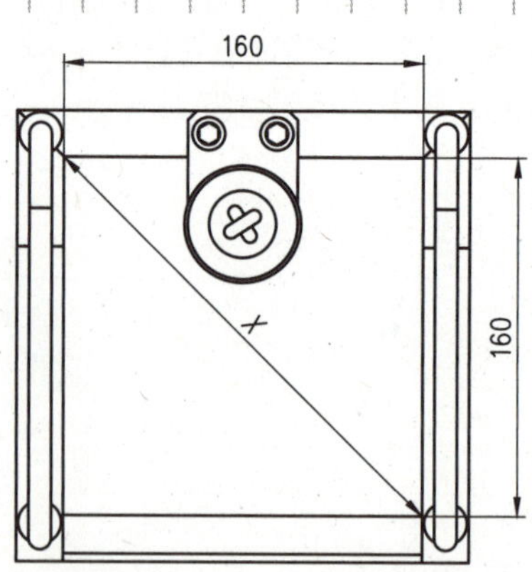

Bildnachweis: Di Gaspare, Michele (Bild und Technik Agentur für technische Grafik und Visualisierung)

Praxisorientierte Fertigungsaufgabe: Schlüsselkasten

Die Ausbildungsabteilung benötigt mehrere neue Schlüsselkästen. Führen Sie die nötigen Berechnungen durch.

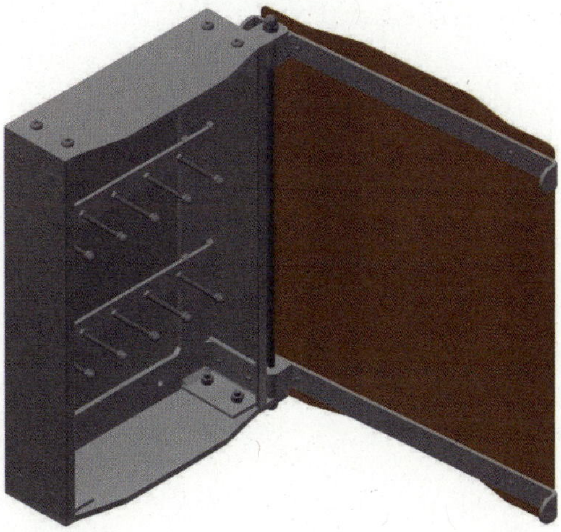

1. Aufgabe: Um das Deckelband zu schneiden wird eine Schneidekraft von 680 N benötigt. Welche Handkraft ist nötig? Der Kraftarm der Kneifzange ist 150 mm lang. Der Lastarm ist 38 mm lang.

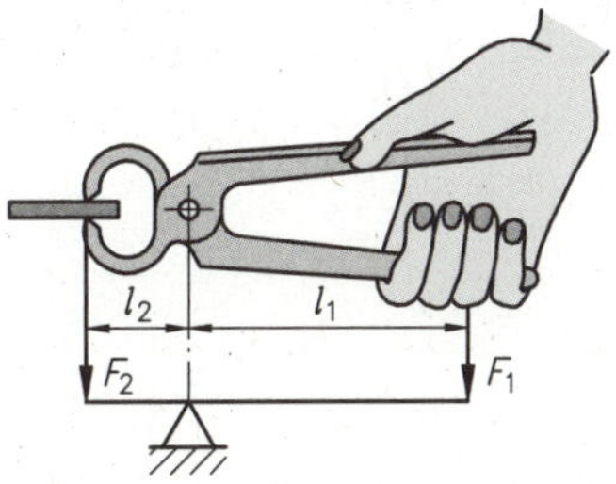

2. Aufgabe: Ermitteln Sie die Drehzahl für das Bohren der Bohrung ⌀ 6,5 mm an der Deckelplatte bei v_c = 25 m/min.

Name	Klasse	Datum	Arbeit

3. Aufgabe: Ermitteln Sie rechnerisch die Materiallänge für das Deckelband.

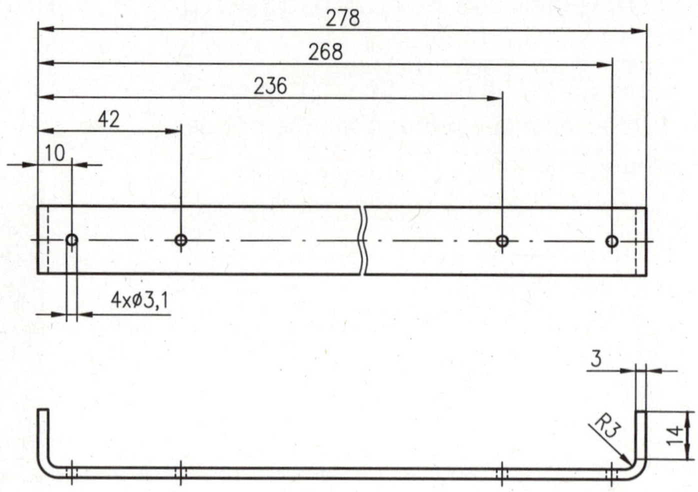

4. Aufgabe: Ermitteln Sie den Biegewinkel α zum Biegen des Deckelblechs.

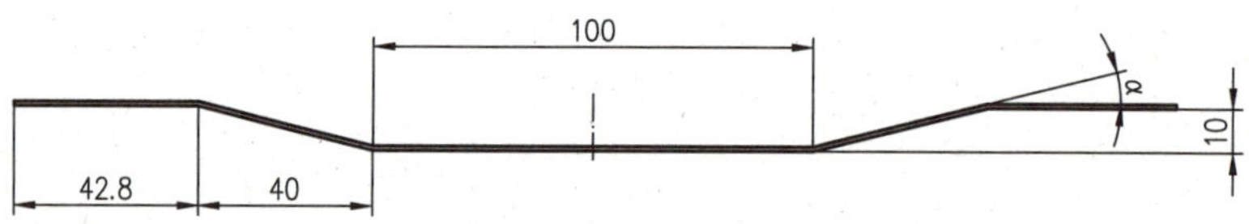

5. Aufgabe: Berechnen Sie die Länge X der Deckelplatte.

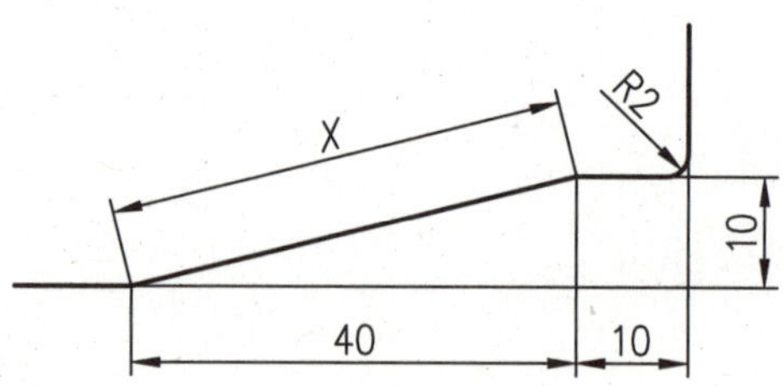

Praxisorientierte Fertigungsaufgabe: Geldkassette

Eine Geldkassette soll in Serie gefertigt werden. Unterstützen Sie bei der Berechnung!

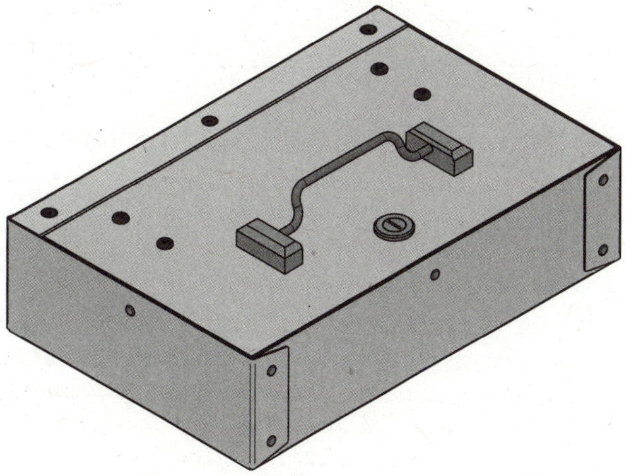

1. Aufgabe: Berechnen Sie die gestreckte Länge eines Griffes mit Hilfe der neutralen Faser.

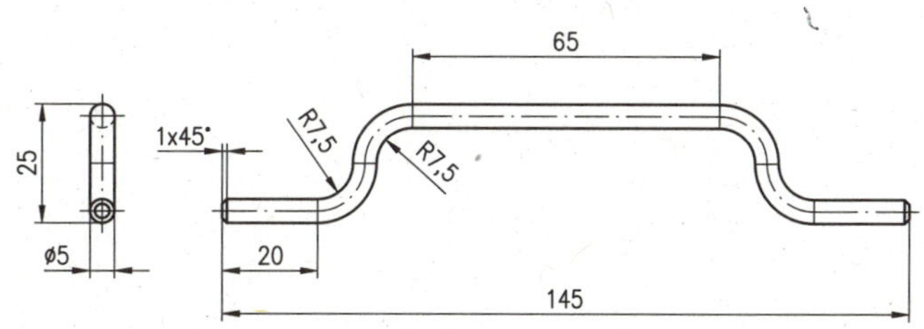

2. Aufgabe: Der Innenrahmen der Geldkassette enthält L-Profile mit der Gesamtlänge von 1,02 m. Berechnen Sie die mit Hilfe der längenbezogenen Masse von 0,882 kg/m die Materialkosten bei einem Preis von 14,98 €/kg.

Name	Klasse	Datum	Arbeit

3. Aufgabe: Berechnen Sie das Anziehmoment der Deckelschrauben bei einer Handkraft $F = 60$ N und einem Hebelarm $\ell = 140$ mm.

4. Aufgabe: In der Geldkassette sollen Münzrollen im Gesamtgewicht von 38 kg transportiert werden. Wieviel Belastung in Newton muss der Griff standhalten?

5. Aufgabe: Berechnen Sie das Prüfmaß *X*.

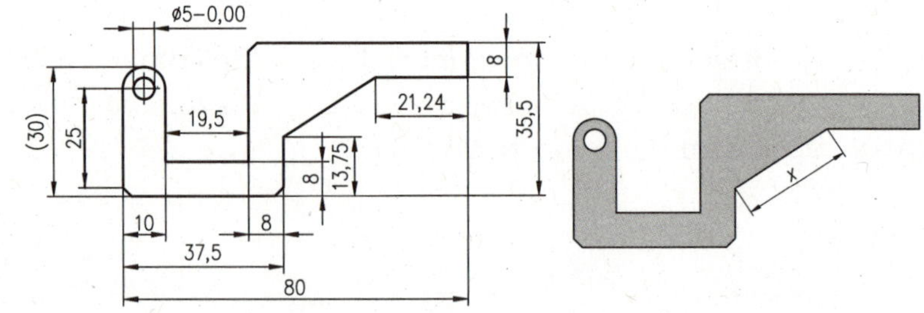

Bildnachweis: Di Gaspare, Michele (Bild und Technik Agentur für technische Grafik und Visualisierung)